淡水养殖系列丛书

小龙虾养殖一月通

江苏省淡水水产研究所　组编

中国农业大学出版社

·北京·

图书在版编目(CIP)数据

小龙虾养殖一月通/江苏省淡水水产研究所组编. —北京:中国农业大学出版社,2010.5

ISBN 978-7-81117-999-6

Ⅰ. ①小… Ⅱ. ①江… Ⅲ. ①龙虾科-淡水养殖 Ⅳ. ①S966.12

中国版本图书馆 CIP 数据核字(2010)第 067970 号

书　　名　小龙虾养殖一月通

作　　者　江苏省淡水水产研究所　组编

策划编辑	赵　中	**责任编辑**	冯雪梅
封面设计	郑　川	**责任校对**	陈　莹　王晓凤
出版发行	中国农业大学出版社		
社　　址	北京市海淀区圆明园西路 2 号	**邮政编码**	100193
电　　话	发行部 010-62731190,2620		读者服务部 010-62732336
	编辑部 010-62732617,2618		出　版　部 010-62733440
网　　址	http://www.cau.edu.cn/caup	**e-mail**	cbsszs@cau.edu.cn
经　　销	新华书店		
印　　刷	北京鑫丰华彩印有限公司		
版　　次	2010 年 5 月第 1 版　　2011 年 9 月第 2 次印刷		
规　　格	850×1 168　　32 开本　　4.25 印张　　105 千字		
印　　数	5 001～10 000		
定　　价	8.50 元		

丛 书 主 编 夏爱军

丛书副主编 唐建清 韩 飞

本 书 作 者 唐建清 李佳佳 吴学军 邵建明

总 序

目前，我国淡水养殖业已由产量型向素质型转变，由解决“吃鱼难”向保障食物营养与安全转变，由丰富“菜篮子”向促进农业结构调整和农民增收转变；随着经济全球化的发展，更是面临着产业结构、贸易结构、产品质量、渔业资源和生态环境等变化。因此，水产养殖业能否提高产量和效益，主要看养殖生产者的观念能否与时俱进，随时代的变化而转变；能否选择好一个新品种，掌握好行之有效的新技术。

近年来，高效农业的快速推进，使得特种水产养殖业发展迅猛，河蟹、青虾、克氏原螯虾、罗氏沼虾、南美白对虾、中华鳖、鳜鱼、鲈鱼、河鲀、黄鳝、泥鳅等名特优新水产养殖品种已达到了规模化生产的水平，形成了自身的特点。各地在科技兴渔方针指导下，利用本地资源、特点和区域优势，大胆实践，勇于创新，新的养殖技术和模式不断涌现。为了促进水产养殖的健康可持续发展，推广新品种、新技术、新经验的应用，满足广大养殖生产者的需求，江苏省淡水水产研究所组织有关专家和学者撰稿，编写了这套“淡水养殖系列丛书”。该套丛书共计 11 本，较系统地介绍了河蟹、青虾、克氏原螯虾、罗氏沼虾、南美白对虾、中华鳖、鳜鱼、河鲀、黄鳝、泥鳅和大宗淡水鱼类等水产品种的养殖方法，融入近年来获得的水产科技新成果、新技术和新经验；内容科学，以实用技术为重点；语言力求通俗易懂，并配有原色图和示意图，以便读者理解、掌握和操作，适应不同层次读者的需要。“丛书”的出版发行，将为水产养殖业者提供一套致富的有效工具书，也为从事水产养殖等有关专业的科技和教学人员提供有益的参考资料。

江苏省淡水水产研究所所长　夏爱军

2009年6月

前　言

克氏原螯虾(*Procambarus clarkii*),俗称淡水小龙虾,目前已成为我国水产养殖业发展最为迅速、最具特色、最具潜力的品种,其养殖面积、产量和影响力仅次于河蟹养殖业。据统计,2006 年全国克氏原螯虾养殖产量 13 余万吨,2007 年达到 20 多万吨,养殖区域主要是沿长江的江苏、安徽、江西、湖北、湖南等省。

随着市场需求量的增加,克氏原螯虾价格逐年上升,群众养殖热情高涨,人工养殖规模迅速扩大,显示了较好的经济效益、产业化前景和良好的发展态势。克氏原螯虾养殖业已成为当前全省农村产业结构调整、农民增加收入的一项主要行业。

为了满足水产养殖业和渔业基层工作人员对小龙虾养殖技术的迫切需求,笔者在多年亲身实践的基础上撰写了《小龙虾养殖一月通》一书。本书共分 6 章,包括小龙虾养殖中十分关键的基础生物学知识和繁殖、养成管理、饲料、水质、越冬、病害防治等方面的内容。重点介绍小龙虾池塘养殖、稻田养殖、草荡、圩滩地养殖、水生经济植物田(池)养殖技术,并结合生产实例,分析了养殖效益。所写内容力求通俗易懂,精简实用,以帮助广大养殖户开展生态化的健康养殖。

由于水平有限,不足之处敬请广大读者批评指正。

编　者

2009 年 6 月

目　录

第一章　小龙虾养殖概述

一、小龙虾概况

（一）品种简介

小龙虾学名克氏原螯虾（*Procambarus clarkii*），又称红色沼泽螯虾、克氏螯虾。其形态与海水龙虾相似，因而常被称为淡水龙虾。小龙虾原产于墨西哥北部和美国南部，随着人类的活动和其他因素的影响，已广泛分布于非洲、亚洲、欧洲以及南美洲 30 多个国家和地区。1918 年，日本从美国引进小龙虾作为饲养牛蛙的饵料。20 世纪 30 年代小龙虾从日本传入我国南京附近，开始在我国南京市及其郊县繁衍。由于其适应性广，繁殖力强，无论江河、湖泊、池塘及水田等浅水水域均能生活，甚至一些鱼类难以存活的富营养化水体也能生活。该虾在南京周边地区经过 30 多年的自然扩展，数量有很大的增加，逐步成为一个自然种群。20 世纪 60 年代，南京人开始食用小龙虾，我国人民也就开始认识并接受该虾。随着人们交流活动的增加而向全国扩展，现广泛分布在我国东北、华北、西北、西南、中南、华南、华东及台湾省的 20 多个省、市、自治区，其主产区仍在长江流域，小龙虾已归化为我国淡水虾类中的重要资源。我国已成为淡水小龙虾的产量大国和出口大国，引起了世界各国的关注。

全世界现已查明的淡水螯虾有近 500 种，分属螯虾科（Astacidae）、蝲蛄科（Cambaridae）和南螯虾科（Parastacidae）。北美洲分布最多，约有 400 多个种和亚种；其次是澳洲，有 100 多个种；我国原产品种仅有 3 种，即东北螯虾（*Cambaroides dauricus*）、朝鲜螯虾（*C. similis*）和史氏螯虾（*C. schrenkii*），主要分布在我国的东北。淡水螯虾是淡水甲壳动物中个体最大的一个类群，也是淡水生物群落中的一个重要的组成部分。在水环境中，淡水螯虾对于能量转换和生态平衡起着十分积极的作用。它不仅是鱼类和高等水生动物的优良饵料，也是人类的优质美味食品。

（二）食用历史

小龙虾是一种世界性的食用虾类，18 世纪末就成为欧洲人民的重要食物源，其经济及营养价值被得到充分认识，在有些国家甚至形成淡水小龙虾文化。从消费发展的历史来看，起初小龙虾作为工作之余的观赏动物，后来用途较多的是做鱼饵。随着欧美工业的发展，在许多人口密集区，很多饭店用小龙虾做菜，这样使天然的小龙虾资源得到进一步开发，从单纯的鲜活螯虾买卖发展为专门的螯虾加工业，根据不同地区的消费习惯，已逐步形成螯虾系列食品。

我国食用小龙虾的历史始于 20 世纪 60 年代，但主要食用地区为南京地区，70 年代初期随着小龙虾在长江流域的快速扩散，采捕和食用小龙虾的地区逐步增加，到 80 年代中后期已出现在饭店销售小龙虾，到 90 年代后由于消费者对小龙虾的认识和媒体的广泛宣传推广，国内大中城市的螯虾消费日益火爆。螯虾食品已普遍进入国内的饭店、宾馆、超级市场和家庭餐桌。盱眙“十三香龙虾”、熟冻龙虾仁、整肢龙虾等产品，在国内外市场上供不应求，其中熟冻龙虾仁、整肢龙虾等产品已远销至美国、欧盟、瑞典及中国香港、澳门等国家和地区，成为我国重要的淡水加工出口创汇产品，特别是盱眙中国龙虾节的连续成功举办，在全国迅速掀起龙虾风暴，盱眙“十三香龙虾”更是风靡整个长江三角洲地区。

（三）小龙虾的养殖评价

小龙虾生命力极强，在我国大多数地方都能养殖和自然越冬。小龙虾繁殖力强，在长江中下游地区雌虾每年 8 月中旬至 11 月份和翌年的3～5月份有两个产卵高峰期，受精卵发育快，孵化率和幼虾成活率较高。小龙虾易饲养、食性杂、生长快，仔虾孵出后，在温度适宜（20～32℃）、饲料充足的条件下，经60天左右饲养即可长成商品虾，且抗病力强、疾病少、成活率高。肉质细嫩，味道鲜美，营养丰富，深受国内外消费者青睐，具有较高的营养价值和广阔的养殖前景。

1.营养价值　小龙虾是高蛋白、低脂肪、低热量的优质水产品。每100克可食部分中，含蛋白质18.6克，脂肪1.6克，糖类0.8克。富含矿物质、维生素A、维生素C、维生素D，铁、钙、磷、钠等元素的含量尤其丰富（表1-1）。小龙虾氨基酸组成优于肉类，含有人体所必需的8种必需氨基酸，不但包括异亮氨酸、色氨酸、赖氨酸、苯丙氨酸、缬氨酸和苏氨酸，而且还含有脊椎动物体内含量很少的精氨酸（表1-2）。虾黄中含有丰富的不饱和脂肪酸、蛋白质、游离氨基酸、微量元素等。红壳小龙虾的肉质中蛋白质含量明显高于青壳螯虾，且红壳螯虾的肉中和肝中的脂肪比青壳螯虾要低一些（表1-3）。

表1-1　克氏螯虾微量元素含量　　毫克/千克

微量元素	肉质部	头壳
Ca	2 700.0	142 900.0
Mg	1 300.0	3 100.0
Fe	150.0	110.0
Zn	88.0	76.0
Cu	22.0	27.0
Mn	24.0	160.0
Co	2.0	5.4
Ni	2.5	3.0
Se	2.5	5.9
Ge	4.1	5.4
Pb	2.5	7.2

表 1-2 克氏螯虾游离氨基酸含量 毫克/千克

氨基酸	肉质部	头壳	氨基酸	肉质部	头壳
天冬氨酸	226.8	175.5	异亮氨酸	613.2	343.4
苏氨酸	1 099.9	592.5	亮氨酸	1 118.3	575.7
丝氨酸	1 212.2	346.7	酪氨酸	402.4	399.4
谷氨酸	478.5	621.2	苯丙氨酸	573.4	493.0
脯氨酸	1 523.9	676.2	赖氨酸	1 456.1	544.0
甘氨酸	2 056.5	924.6	组氨酸	997.5	510.0
丙氨酸	6 444.8	4 025.1	精氨酸	23 955.1	5 776.9
胱氨酸	159.2	182.2	色氨酸	106.6	135.2
缬氨酸	1 243.8	653.8	羟氨酸	945.5	577.9
蛋氨酸	686.9	282.6	牛磺酸	754.8	666.5

表 1-3 红壳螯虾和青壳螯虾营养分析 %

样　品	虾　肉				虾　肝			
	水分	脂肪	蛋白质	灰分	水分	脂肪	蛋白质	灰分
红壳螯虾 20	70.1	1.2	26.4	2.3	50.3	23.1	17.1	9.5
青壳螯虾 20	79.9	1.4	17.6	1.1	43.7	28.3	20.8	7.2

2. 药用价值　小龙虾有很好的食疗作用。小龙虾体内含有较多的原肌球蛋白和副肌球蛋白，具有很好的补肾、壮阳、滋阴、健胃的功能。经常食用小龙虾，不仅可以使人体神经与肌肉保持兴奋性、提高运动耐力，而且还能抵抗疲劳，防治多种疾病。淡水小龙虾较其他虾类含有更多的铁、钙、锰和胡萝卜素，钙和锰是与机体神经系统和肌肉兴奋性有关的元素，血清钙量下降可使神经和肌肉的兴奋性增高，锰对中枢神经具有调节作用。因此，淡水小龙虾是营养保健、食疗食补之佳品。淡水小龙虾虾壳可以入药，它对多种疾病均有疗效。将蟹、虾壳和栀子焙成粉末，可治疗神经痛、风湿、小儿麻痹、癫痫、胃病及妇科病等；美国还利用龙虾壳制造止血药。

3.商品价值　淡水小龙虾可以加工制成副食产品，目前主要有：冻生螯虾肉、冻生螯虾尾、冻生整肢螯虾、冻熟螯虾虾仁、冻熟整肢螯虾、冻虾黄、水洗螯虾肉等。虾壳还可用于提炼甲壳素。

4.饲料价值　小龙虾还是家畜养殖的重要饲料，有研究指出，用虾壳制成饲料添加剂，对家畜养殖有很好的促长作用。

二、市场概况及效益分析

(一)市场概况

19 世纪欧、美一些国家就开始开发并利用淡水小龙虾，20 世纪 30 年代淡水小龙虾开始大量被民间食用，60 年代进行大规模人工养殖。澳大利亚既是淡水小龙虾的主产地，也是近 20 年来淡水小龙虾养殖发展最快的国家。目前该国有 300 多家淡水小龙虾养殖场，养殖年产量在 5 000 吨以上。美国是淡水小龙虾养殖最有成效的国家，养殖淡水小龙虾产量占甲壳类养殖总产量的 90%以上。1960—1970 年美国的淡水小龙虾养殖面积就达 6 000～7 000 公顷，产量 1.2 万吨；1985—1986 年养殖面积扩大到 5 万公顷，产量达到 2.7 万吨，单产低的为 500～600 千克/公顷，高的达到 3 000 千克/公顷，其养殖方式主要在稻田中采用开放式或半开放式(水体边安装栅栏)的大面积养殖方式。

目前，小龙虾人工养殖量少，主要靠天然捕捞上市，自然资源远远满足不了国际国内市场消费需求。欧美国家是小龙虾的主要消费国，美国年消费量 6 万～8 万吨，自给能力不足 1/3。瑞典每年举行为期 3 周的螯虾节，全国上下不仅吃螯虾，人们还在餐具、衣服上绘制螯虾图案，情景十分隆重，瑞典每年小龙虾进口量就达 5 万～10 万吨。西欧市场一年消费小龙虾 6 万～8 万吨，而自给能力仅占总消费量的 20%。

近年来，国内小龙虾消费量猛增。南京、上海、北京、杭州、常州、无锡、苏州、淮安、合肥、武汉等大中城市，一年消费量都在万吨以上。这些大中城市，一个晚上全市饭店、大排档的小龙虾销售量在1.5万千克左右。据有关资料介绍，合肥每晚能卖出150千克螯虾以上的饭店和排档有30余家；每晚卖50千克的有100多家；每晚卖10～20千克的小摊档则数不胜数。南京人喜食小龙虾，在螯虾上市的季节(4月份至10月份)，一天至少吃掉70吨，最高达100吨。据统计，2006年南京每500克20～30只的小龙虾市场价格为25元/千克，比2005年17元/千克上涨47%；每500克10只以内小龙虾市场价格为45元/千克，比2005年28元/千克上涨60.7%，是2004年18元/千克的2.5倍；2008年小龙虾的市场价格比去年同期又上涨了5～10元/千克。从目前消费水平看，国内外市场小龙虾缺口极大，市场价格在近年内呈上升趋势。因此，发展淡水小龙虾人工养殖不但可以弥补自然资源产量不足，解决消费市场供求矛盾，还能促进农民走上致富之路，养殖淡水小龙虾市场前景十分广阔。

群众养殖淡水小龙虾的热情高涨，养殖技术也日趋成熟。目前小龙虾的养殖模式有：池塘主养小龙虾、鱼种塘套养小龙虾、稻田养殖小龙虾、稻虾轮作养殖、圩滩地混养小龙虾、芦滩地养殖小龙虾、茭白田、藕田、水芹菜田等水生经济作物田轮作养殖小龙虾等。这些养殖方法操作简便，成本较低，易推广应用。我国最大小龙虾养殖区是江苏省，据统计，2007年全省养殖面积达24.18万亩，平均单产商品克氏原螯虾75～150千克/亩，合计总产值达4.8亿元；2008年小龙虾养殖面积近50万亩，社会经济价值显著。淡水小龙虾养殖有可能成为仅次于河蟹养殖的又一养殖产业。

(二)经济效益分析

小龙虾养殖经济效益受到苗种价格、养殖规模、饲料价格、市场销售等因素的影响，养殖户要通过规范化的生产和管理，减少养殖的盲目性，以此提高养殖产量和效益。以淮安楚州区范集镇为例，池塘虾蟹混养1 000亩，平均亩产商品虾55千克、商品蟹40

千克，平均每亩产值 3 400 元，每亩效益达 1 677.5 元(表 1-4)。

表 1-4　成本项目支出表

支出项目	单价	数量(千克)	总价(万元)
蟹种	0.5		24
克氏原螯虾	16		4.8
鳜鱼	1.5		1.8
鲢、鳙鱼种	6		1.8
螺蛳	0.2		12
配合饲料	3.85	243 750	93.85
水电			4
药物			5
防逃设施折旧			5
土地租赁费用			20

合计总成本 172.25 万元，平均每亩成本 1 722.5 元。

克氏原螯虾与河蟹混养池塘各项收入如表 1-5 所示，1 000 亩池塘，总产值 340 万元，平均每亩产值 3 400 元。

表 1-5　池塘各项收入情况表

品种	单价(元/千克)	产值(万元)
克氏原螯虾	16	88
河蟹	55	220
鳜鱼	40	24
鲢、鳙鱼	4	8

三、养殖趋势

(一)创响做优一批小龙虾品牌

淡水小龙虾是外来物种，在我国的文化底蕴较浅，虽然有“龙虾节”等活动，但淡水小龙虾是甲壳类动物，通常情况下，甲壳类动物的产品质量与养殖方式、饲料和水域环境等有很大关系。随着淡水小龙虾养殖的快速发展，市场供求将出现逆转，淡水小龙虾养殖自然向着标准化品牌养殖方向发展。通过品牌创建，拓展营销空间，提升商品淡水小龙虾附加值，通过市场和政府的综合作用，促进资金、劳动力、技术、企业家等各种生产要素向这些品牌产品聚集，做大做强一批具有较强市场竞争力的淡水小龙虾品牌产品，形成知名的强抛淡水小龙虾品牌产品。

(二)软壳淡水小龙虾生产技术将被突破

淡水小龙虾是大众食品，由于其可食部分太低(<20%)，影响了价值的进一步提升。而软壳虾的可食部分可达到90%以上。淡水小龙虾在蜕壳过程中将整个身体的外壳彻底地蜕掉，包括虾的所有附肢、鳃和胃。蜕了壳的软壳虾干净、卫生、美观，软壳小龙虾整个个体均可食用，营养丰富的虾黄得到了充分利用。它既是宾馆、酒楼的高档菜肴，又是普通百姓餐桌上的特色菜，具有较强的竞争力。美国和欧洲是世界生产和消费软壳虾最多的地区，其市场价格是硬壳虾的10倍。因此，开发软壳淡水小龙虾生产技术具有较好的经济意义，市场前景也十分广阔。

(三)淡水小龙虾养殖品种向优质、多样化方向发展

目前已开发养殖的主要品种有：克氏原螯虾(*Procambarus clarkii*)、雅比螯虾(*Cherax destructor*)、红螯螯虾(*Cherax quadricarinatus*)、麦龙螯虾(*Chersx tenuimanus*)、宽大太平螯虾(*Pacifastacus leniusculus*)、叉肢螯虾(*Orcenectes* spp.)、欧洲螯虾(*Astacus astacus*)、土耳其螯虾(*Astacus leptodactylus*)等。一些品种的品质比我国现有的品种(克氏原螯虾)要好，个体大，国际市场售价也高，如麦龙螯虾最大个体全长385毫米，重2.72千克，一般可长到1 000克左右，可食比率达65%～70%，国际市场售价达12～16美元/千克。我国已引进了雅比螯虾、红螯螯虾、麦龙螯虾等澳洲龙虾，可在水库等优质水域放养增殖。可以预见，通过对新品种的引进、开发和深入研究将提升现有品种的质量，促进淡水小龙虾养殖业的可持续发展。

第二章　小龙虾主要生物学特性

一、分类及分布

小龙虾分类上属动物界(Animalia)、节肢动物门(Arthropoda)、甲壳纲(Crustacea)、十足目(Decapoda)、爬行亚目(Reptantia)、螯虾科(Cambaridae)、原螯虾属(*Procambarus*)。小龙虾在淡水螯虾类中属中小型个体,其分布在一定程度上受到气候因素的限制,欧洲、葡萄牙、西班牙、法国等气候温暖的地方小龙虾数量较多;而德国、意大利、瑞士这些寒冷的地方数量则很少。小龙虾起初在江苏省南京市以及郊县繁衍,随着自然种群的扩展和人类养殖活动的开展,现广泛分布于我国的新疆、甘肃、宁夏、内蒙古、山西、陕西、河南、河北、天津、北京、辽宁、山东、江苏、上海、安徽、浙江、江西、湖南、湖北、重庆、四川、贵州、云南、广西、广东、福建及台湾等 20 多个省、市、自治区,形成可供利用的天然种群。长江中下游地区小龙虾生物种群量较大,是我国小龙虾主产区。

二、形态特征

(一)外部形态

小龙虾体表具坚硬的外骨骼,体形粗短,左右对称,整个身体由头胸部和腹部组成。头部和胸部粗大完整,且完全愈合成一个整体,称为头胸部。腹部与头胸部明显分开。小龙虾全身由 21 个体节组成,除尾节无附肢外共有附肢 19 对,其中头部 5 对,胸部 8 对,腹部 6 对,尾节与第六腹节的附肢共同组成尾扇。克氏原螯虾游泳能力甚弱,善匍匐爬行(图 2-1,图 2-2)。

图 2-1 小龙虾外部形态(1)

图 2-2 小龙虾外部形态(2)

1.头胸部 头胸部特别粗大,由头部 6 节和胸部 8 节愈合而成,外被头胸甲。头胸甲坚硬,钙化程度高,长度几乎占体长的一半。额剑呈三角形,光滑、扁平,中部下陷成槽状,前端尖细。额剑基部两侧各有一带眼柄的复眼,可自由转动。头胸甲背面与胸壁相连,两侧游离形成鳃腔。头胸甲背部中央有一条横沟,即颈沟,是头部与颈部的分界线。

头胸部附肢共有 13 对(表 2-1)。头部 5 对,前 2 对为触角,细长鞭状,具感觉功能;后 3 对为口肢,分别为大颚和第一、第二小颚。大颚坚硬而粗壮,内侧有基颚,形成咀嚼,内壁附有发达的肌肉束,利于咬切和咀嚼食物。胸部胸肢 8 对,前 3 对为颚足,后 5 对为步足。

2.腹部 腹部分节明显,包括尾节共计 7 节,节间有膜,外骨骼通常分为背板、腹板、侧板和后侧板,尾节扁平。腹部附肢 6 对(表 2-1),称为游泳肢,欠发达。雄性个体第一、第二对腹肢变为管状交接器,雌性个体第一对腹肢退化。尾肢十分强壮,与尾柄一起合称尾扇。

3.体色 小龙虾全身覆盖由几丁质、石灰质等组成的坚硬甲壳,对身体起支撑、保护作用,称为“外骨骼”。小龙虾性成熟个体暗红色或深红色,未成熟个体为青色或青褐色,有时还见蓝色。小

表 2-1　克氏原螯虾各附肢的结构与功能表

体节		附肢名称	结构/分节数			功能
			原肢	内肢	外肢	
头部	1	小触角	基部有平衡囊/3	连接成短触须	连接成短触须	嗅觉、触觉、平衡
	2	大触角	基部优腺体/2	连接成长触须	宽薄的叶片状	嗅觉、触觉
	3	大鄂	内缘有锯齿/2	末端形成触须/2	退化	咀嚼食物
	4	第一小鄂	薄片状/2	很小/1	退化	摄食
	5	第二小鄂	两裂片状/2	末端较尖/1	长片状/1	摄食、激动鳃室水流
胸部	6	第一鄂足	片状/2	小而窄/2	非常细小/2	感觉、摄食
	7	第二鄂足	短小、有鳃/2	短而粗/5	细长/2	感觉、摄食
	8	第三鄂足	有鳃、愈合/2	长、粗而发达/5	细长/2	感觉、摄食
	9	第一胸足	基部有鳃/2	粗大、呈螯状/5	退化	攻击和防卫
	10	第二胸足	基部有鳃/2	细小、呈钳状/5	退化	摄食、运动、清洗
	11	第三胸足	基部有鳃，雌虾基部有生殖孔/2	细小呈钳状，成熟雄性有刺钩/5	退化	摄食、运动、清洗
	12	第四胸足	基部有鳃/2	细小呈爪状、成熟雄性有刺钩/5	退化	运动、清洗
	13	第五胸足	基部有鳃，雄性基部有生殖孔/2	细小/5	退化	运动、清洗

续表 2-1

体节		附肢名称	结构/分节数			功能
			原肢	内肢	外肢	
腹部	14	第一腹足	雌性退化，雄性演变成钙质的交接器			雄性输送精液
	15	第二腹足	雄性联合成圆锥形管状交接器			雄性辅助第一腹足
	16	第三腹足	雌性短小/2	雌性成分节的丝状体	雌性连接成丝状体	雌性有激动水流，抱卵和保护幼体的功能
	17	第四腹足	短小/2	分节的丝状体	丝状	激动水流，雌性还有抱卵和保护幼体功能
			短小/2	分节的丝状体	丝状	激动水流，雌性还有抱卵和保护幼体功能
	18	第五腹足	短小	分节的丝状体	丝状	激动水流，雌性还有抱卵和保护幼体功能
	19	第六腹足	短而宽/1	椭圆形片状/1	椭圆形片状/1	游泳，雌性还有保护卵的功能

注：该表仿舒新亚。

龙虾的体色常随栖息环境不同而变化，如生活在长江中的小龙虾成熟个体呈红色，未成熟个体呈青色或青褐色；生活在水质恶化的池塘、河沟中的小龙虾成熟个体常为暗红色，未成熟个体常为褐色，甚至黑褐色。这种体色的改变，是对环境的适应，具有保护作用。

（二）内部形态

小龙虾属节肢动物门，体内无脊椎，具有消化系统、呼吸系统、循环系统、排泄系统、神经系统、生殖系统、肌肉运动系统、内分泌系统等。

1. 消化系统　小龙虾消化系统由口器、食道、胃、肠、肝胰脏、直肠及肛门组成。口开于大颚之间，后接食道，食道很短，呈管状。食物由口器的大颚切断咀嚼送入口中，经食道进入胃。胃膨大，分贲门胃和幽门胃两部分，贲门胃的胃壁上有钙质齿组成的胃磨，蜕壳前期和蜕壳期较大，蜕壳间期较小，起着钙质的调节作用。食物经贲门胃进一步磨碎后，经幽门胃过滤进入肠，在头胸部的背面，肠的两侧各有一个黄色分支状的肝胰脏，除分泌消化酶帮助消化食物外，还具有吸收贮藏营养物质的作用。肝胰脏有肝管与肠相通。肠的后段细长，位于腹部的背面，其末端为球形的直肠，通肛门，肛门开口于尾节的腹面。

2. 呼吸系统　小龙虾的呼吸系统由鳃组成，共 17 对。其中 7 对鳃较为粗大，与第二、第三颚足及第五对胸足的基部相连；其他 10 对鳃细小，薄片状，与鳃壁相连。小龙虾呼吸时，颚足驱动水流入鳃室，水流经过鳃完成气体交换，水流的不断循环，保证了呼吸作用所需氧气的供应。

3. 循环系统　小龙虾的循环系统包括心脏、血液和血管，是一种开管式循环。心脏位于头胸部背面的围心窦中，为半透明，多角形的肌肉囊，有三对心孔，内有防止血液倒流的膜瓣。血液即是体液，为透明、无色的液体，血液中含血蓝素，与氧气结合呈现蓝色。

4. 神经系统　小龙虾的神经系统由神经节、神经和神经索组成。神经节主要有脑神经节、食道下神经节等。神经则是连接神经节通向全身，从而使虾能正确感知外界环境的刺激，并迅速做出反应。小龙虾的感觉器官为第一、第二触角以及复眼和触角基部的平衡囊，司嗅觉、触觉、视觉及平衡功能。现代研究证实，小龙虾的脑神经干及神经节能够分泌多种神经激素，这些神经激素调控着小龙虾的生长、蜕皮及生殖生理过程。

5. 生殖系统　小龙虾雌雄异体，区别明显，雄虾第五步足基部有 1 对生殖突，其中间有生殖孔，雌虾在第三步足基部有 1 对生殖孔，较明显。雄性生殖系统包括精巢 3 个，输精管 1 对及位于第五步足基部的 1 对生殖突，精巢呈三叶状排列(图 2-3)，雌性生殖系统包括卵巢 3 个，呈三叶状排列(图 2-4)。

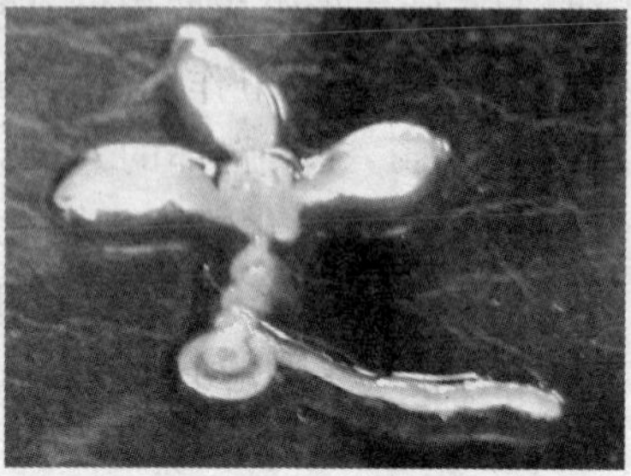

图 2-3　精巢

图 2-4　卵巢

6. 肌肉运动系统　小龙虾的肌肉运动系统由肌肉和甲壳组成，甲壳又被称为外骨骼，起着支撑的作用，在肌肉的牵动下司运动功能。

7. 内分泌系统　小龙虾的内分泌系统在资料中很少提到，实际上小龙虾是有内分泌系统的，只是它的许多内分泌腺与其他结构组合在一起了，分泌多种调控蜕皮、精(卵)细胞蛋白合成和性腺发育的激素。

8. 排泄系统　小龙虾大触角基部有一对绿色腺体，腺体后具膀胱，由排泄管通向大触角的基部，并开口于体外。

三、生活习性

(一)栖息

小龙虾喜阴怕光，常栖息于沟渠、坑塘、湖泊、水库、稻田等水域中，营底栖生活。具有较强的掘穴能力，亦能在河岸、沟边、沼泽，借助螯足和尾扇，造洞穴，栖居繁殖。当光线微弱或黑暗时爬出洞穴，通常抱住水体中的水草或悬浮物，呈"睡眠"状。受到惊吓或光线强烈时则沉入水底或躲藏于洞穴中，具有昼夜垂直运动现象。小龙虾生存能力较强，出水后若能保持体表湿润，可在较长时间内保持鲜活。

1. 环境要求　小龙虾对环境的适应能力很强，各种水体都能生存，有些个体甚至可以忍受长达 4 个月的干旱环境。溶氧是影响小龙虾生长的一个重要因素。小龙虾昼伏夜出，耗氧率昼夜变化规律非常明显，有研究指出成虾夜间 12 小时的耗氧率平均为(0.156±0.008)毫克/(克·小时)，白天 12 小时的耗氧率平均为(0.134±0.009)毫克/(克·小时)；幼虾夜间 12 小时的耗氧率平均为(0.484±0.011)毫克/(克·小时)，白天 12 小时的耗氧率平均为(0.369±0.051)毫克/(克·小时)。小龙虾在缺氧水体环境中可以爬上岸直接利用空气中的氧。水质清新，水生物丰富，溶解氧在 3 毫克/升以上，有利于小龙虾的生长。养殖生产中，冲水和换水是获得高产优质商品虾的必备条件。流水可刺激螯虾蜕壳，加快生长；换水可减少水中悬浮物，使水质清新，保持丰富的溶氧。在这种条件下生长的螯虾个体饱满，背甲光泽度强，腹部无污物，因而价格较高。

2. 水温　小龙虾生长适宜水温为 15～32℃，最适生长水温为

18～28℃，当温度低于18℃或高于28℃时，生长率下降。成虾耐高温和低温的能力比较强，能适应40℃以上的高温和－15℃的低温。在珠江流域、长江流域和淮河流域均能自然越冬。

3. pH值　小龙虾喜中性和偏碱性的水体，能在pH 4～11的水体中生活，当pH值在7～9时最适合其生长和繁殖。

4. 其他　小龙虾对重金属、某些农药如敌百虫、敌杀死等菊酯类杀虫剂非常敏感，因此养殖水体应符合国家颁布的渔业水质标准和无公害食品淡水水质标准，以免重金属含量过高，影响小龙虾的生长发育。

(二)行为

1. 攻击行为　小龙虾个体间攻击行为在其社会结构和空间分布的形成中起着重要作用，攻击性强的个体在种群内将占有优势地位。但较强的攻击行为将导致种群内个体的死亡，引起种群扩散和繁殖障碍，有研究指出，小龙虾幼体早在第二期就显示出了种内攻击行为，当幼虾体长超过2.5厘米，相互残杀现象明显，在此期间如果一方是刚蜕壳的软壳虾，则软壳虾很可能被对方杀死甚至吃掉。因此，人工养殖过程中应增加隐蔽物，增加环境复杂度，减少小龙虾直接接触发生打斗的机会。

2. 领域行为　小龙虾具有很强的领域行为，它们会精心选择某一区域作为其领域，在其区域内进行掘洞、活动、摄食，不允许其他同类的进入，只有在繁殖季节才有异性的进入。

3. 掘洞行为　小龙虾具有很强的掘洞能力，在冬夏两季营穴居生活。小龙虾一般在水边的近岸掘穴，大多数洞穴的深度在50～80厘米，部分洞穴的深度超过1米。小龙虾的掘洞速度很快，尤其在新的生活环境中尤为明显。洞穴直径视虾体大小有所区别，此类洞穴常为横向挖掘的，然后转为纵向延伸，直到洞穴底部有水为止，在此过程中如遇水位下降，虾会继续向下挖掘，直到洞穴底部有水或潮湿，挖好洞穴后，用泥土等物堵住唯一的出入口。小龙虾掘洞的洞口位置通常选择在水平面处，且常因水位的变化而使洞口高出或低于水平面，一般在水面上下20厘米处，小龙虾洞口较多。

水体底质条件对小龙虾掘洞的影响较为明显，在有机质缺乏的沙质土，打洞现象较多，而硬质土打洞较少。在水质较肥，底层淤泥较多，有机质丰富的条件下，小龙虾洞穴明显减少。繁殖季节小龙虾打洞的数量明显增多。我们研究发现在人工养殖小龙虾时，有人工洞穴的螯虾存活率为92.8%，无人工洞穴的对照存活率仅为14.5%，差异极显著。主要原因是小龙虾领域性较强，当多个拥挤在一起的小龙虾进入彼此领域内时就会发生打斗，造成伤亡，导致死亡。

4.趋水行为　淡水小龙虾有很强的趋水流性，喜新水活水，逆水上溯，集群生活。在养殖池中常成群聚集在进水口周围。大雨天气，可逆向水流上岸边作短暂停留或逃逸。水中环境不适时也会爬上岸边栖息，因此养殖场地要有防逃的围栏设施。

（三）食性与摄食

小龙虾食性杂，喜食各种鲜嫩的水草、水体中的底栖动物、软体动物、大型浮游动物，鱼虾的尸体以及人工投喂的各种植物、动物下脚料及人工配合料。

小龙虾的食性在不同的生长发育阶段稍有差异。刚孵出的幼虾以其自身存留的卵黄为营养。幼虾主要摄食底栖藻类、枝角类、桡足类、小型水生昆虫和有机碎屑等。成虾主要摄食植物碎片、有机碎屑、丝状藻类、固着硅藻、底栖小型无脊椎动物、水生昆虫和动物尸体等，尤其喜食螺蚌肉、小杂鱼等。人工养殖情况下，幼虾可投喂丰年虫无节幼体、螺旋藻粉等；成虾养殖可直接投喂绞碎的米糠、豆饼、杂鱼、螺蚌肉、蚕蛹、蚯蚓、屠宰场下脚料或配合饲料等。小龙虾配合饲料多为颗粒饲料，蛋白质含量在25%以上，颗粒饵料以泡水后能保持2小时以上不散开，长度5～12毫米、直径1～

3毫米为宜。

小龙虾游泳能力较差，在自然条件下对动物性饲料捕获的机会少，因此在食物组成中植物性成分占98%以上(表2-2)。苦草、轮叶黑藻、凤眼莲、永浮莲、喜旱蓬子草、水花生等都是小龙虾喜爱摄食的水草。在养殖小龙虾时种植水草可以大大节约养殖成本，这些水草不仅是小龙虾天然的饵料，也是隐蔽、栖息、蜕壳的理想场所。

表2-2 天然水体中克氏原螯虾的食物组成

食物名称	体长4.00～7.00厘米 (n=51)		体长7.00厘米以上 (n=45)	
	出现率(%)	占食物团比重(%)	出现率(%)	占食物团比重(%)
菹草	52.2	34.4	55.1	27.0
金鱼藻	45.3	15.5	46.1	17.1
光叶眼子菜	27.0	8.4	37.2	9.4
马来眼子菜	19.6	13.7	23.3	16.5
植物碎片	30.4	20.3	33.1	23.2
丝状藻类	40.1	5.7	43.4	4.1
硅藻类	55.3	<1	43.5	<1
昆虫及其幼虫	30.1	<1	33.1	<1
鱼蛙类	14.5	<1	15.2	<1

引自：魏青山，1985。

小龙虾的摄食能力很强，且具有贪食、争食的习性，饵料不足或群体过大时，会发生相互残杀的现象，尤其会出现硬壳虾残杀并吞食软壳虾的现象。小龙虾摄食多在傍晚或黎明，尤以黄昏为多，人工养殖条件下，经过一定的驯化，白天也会出来觅食。摄食的最适水温为15～28℃，水温低于8℃或超过35℃摄食明显减少，甚至不摄食。4～7月份和9～10月份水温适宜，是小龙虾生长旺期，一般每天投喂2～3次，时间在上午9～10时和日落前后或夜间，日投饲量为虾体重的5%～8%；其余季节每天可投喂1次，于日落前后进行，或根据摄食情况于次日上午补喂1次，日投饲量为虾体重的1%～3%。饲料应投在池塘四周浅水处，小龙虾集中的地方可适当多投，以利于其摄食和饲养者检查吃食情况。实际投饲量可根据吃食情况而定，一般以傍晚投饲为准，投饲后2～3小时基本吃完为宜。饲料投喂还应注意：天气晴好时多投，高温闷热、连续阴雨天或水质过浓则少投；大批虾蜕壳时少投，蜕壳后多投。

部分养殖户长期错误地认为小龙虾能摄食鱼苗、鱼种，对水产养殖有很大的危害。为此我们专门做过小龙虾对鲤鱼、草鱼、白鲢和罗非鱼四种鱼苗、鱼种成活率影响的试验，试验数据表明：四种鱼种与小龙虾混养的成活率均为100%；四种鱼苗与克氏原螯虾混养，平均成活率分别为90.0%以上。目前已经有养殖户在夏花池中套养小龙虾的例子，小龙虾的生长速度很快，也不影响夏花的生长，效果很好。

四、繁殖习性

(一)雌雄虾鉴别

小龙虾雌雄有所区别，主要可通过以下方法鉴别：(表2-3，图2-5，图2-6)

(1)雌虾的第1腹肢退化，细小，第2腹肢正常，雄虾第1、2腹肢变成管状较长，为淡红色，第3、4、5腹肢为白色。

(2)雄性的螯较雌性的发达，性成熟的雄性螯足两端外侧有一明亮的红色软疣；成熟的雄虾在螯上有倒刺，倒刺随季节而变化，春夏交配季节倒刺长出，而秋冬季节倒刺消失，雌虾没有倒刺。

(3)雌性体上腹部有一纳精囊，生殖孔1对，位于第3对步足基部，呈圆形，有一薄膜覆盖。雄性体腹部四个附肢钙质化，螯足有红色柔软的膜质带，第5对步足基部有1对生殖突。

(4)同龄亲虾，雄虾个体大于雌虾。

表 2-3 小龙虾雌雄鉴别

项目	雄虾	雌虾
个体	大	小
疣点	有	一部分有
疣点颜色	红色	淡红色
生殖孔	位于第 5 步足基部	位于第 3 步足基部

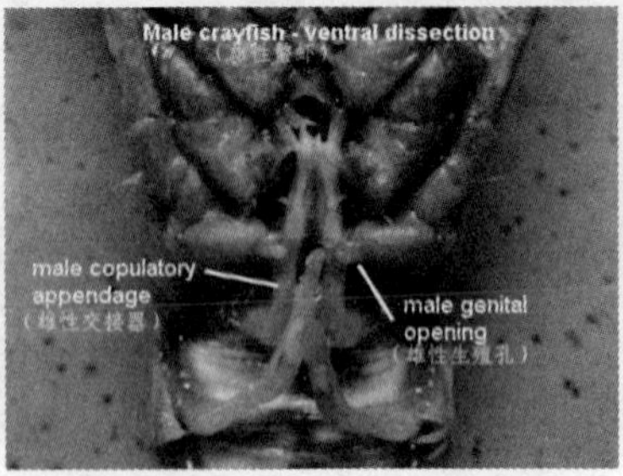

图 2-5 雄虾

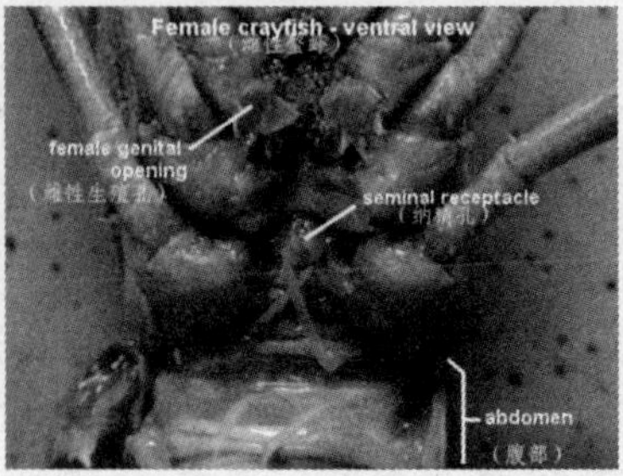

图 2-6 雌虾

(二)产卵周期

小龙虾性腺发育与季节变化和地理位置有很大关系，在长江流域，自然水体中的小龙虾一年中有两个产卵高峰期，一个在春季的 3～5 月份，一个在秋季的 9～11 月份。秋季是小龙虾的主要产卵季节，产卵群体大，产卵期也比春季的长。

关于小龙虾的繁殖特性有多种报道，主要有两种观点：一种观点认为小龙虾一年多次产卵，另一种观点认为一年产卵 1 次。Huner(1984)研究了路易斯安那州的克氏螯虾后认为，一年能有两个世代产生。产卵期的开始，很大程度上受环境因素的影响，如水文周期、降雨量和水温等。他认为 13℃以下，卵的成熟、孵化和个体的生长都严重地被抑制，水位的变动对产卵期的推迟或提前也有很大影响。舒新亚等研究认为：每年 8～12 月份是小龙虾的产卵期，在武汉地区一年产卵 1 次。魏青山等指出小龙虾 9 月份达到性成熟，通常在 10 月份产卵，极少数在 4～5 月上旬产卵。上述的研究结果虽说法不一，但一年有两个产卵期是与我们的研究基本相吻合的；在人工饲养条件下，我们观察到小龙虾一年能多批产卵。

(三)卵巢的发育分期

小龙虾精巢的发育在外形上很难辨别，通常以卵巢为主，魏青山(1985)根据卵巢的外部形态、颜色和卵径的大小将卵巢发育分为 5 期：Ⅰ未发育期，Ⅱ发育早期，Ⅲ发育期，Ⅳ成熟期，Ⅴ枯竭期。我们根据卵巢颜色的变化，外观特征，性腺成熟系数(GSI)和组织学特征，参照李胜等人用过的分期法，把螯虾的卵巢发育分成 7 个时期：未发育期，发育早期，卵黄发生前期，卵黄发生期，成熟期，产卵后期和恢复期(表 2-4)。

表 2-4　小龙虾卵巢发育分期

卵巢发育时期	卵巢外观
(1)未发育期	白色透明，不见卵粒
(2)发育早期	白色半透明的细小卵粒
(3)卵黄发生前期	均匀的淡黄色至黄色卵粒，卵径 10～300 微米
(4)卵黄发生期	
①初级卵黄发生期	黄色至生黄色卵粒，卵径 250～500 微米
②次级卵黄发生期	黄褐色至深褐色卵粒，卵径 450 微米～1.6 毫米
(5)成熟期	深褐色卵粒，卵径 1.5 毫米以上
(6)产卵后期	
①抱卵虾期	产卵后卵巢内残存有粉红至黄褐色卵粒
②抱仔虾期	白色透明，不见卵粒
(7)恢复期	白色半透明的细小卵粒

（四）交配与产卵

1. 交配　小龙虾产卵前的交配为硬壳交配，也就是说，小龙虾没有生殖蜕壳，通常交配 1 次即可产卵，每次交配的时间较长，短则十几分钟，长则数小时。雌虾在与雄虾完成交配之后，隐身于安静池水草中或洞穴中生活，交配后 1 周开始产卵，也可数月后产卵。

2. 产卵　小龙虾每年春秋为产卵季节，产卵行大多在洞穴中进行，产卵时虾体弯曲，游泳足伸向前方，不停地扇动，以接住产出的卵粒，附着在游泳足的刚毛上，卵子随虾体的伸曲逐渐产出。产卵结束后，再产出黑色胶汁，将受精卵全部粘在附肢上，尾扇弯曲至腹下，并展开游泳足包被，以防卵粒散失。整个产卵过程 10～30 分钟。小龙虾的卵为圆球形，晶莹光亮，通过一个柄（或暂称卵柄）与游泳足相连。刚产出的卵呈橘红色，直径 1.5～2.5 毫米，随着胚胎发育的进展，受精卵逐渐呈棕褐色，未受精的卵逐渐变为混浊白色，脱离虾体死亡。卵粒多少与亲虾个体大小及性腺发育有关。小龙虾每次产卵 200～700 粒，最多也发现有抱 1 000 粒卵以上的抱卵亲虾（图 2-7）。

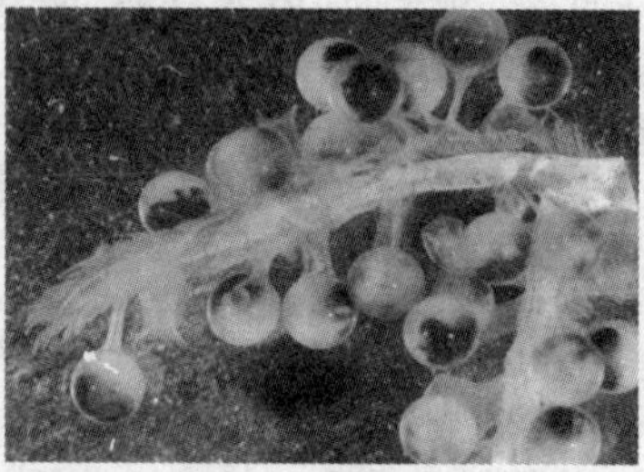

图 2-7　受精卵

（五）孵化

小龙虾的胚胎发育时间较长，水温 18～20℃，需 25～30 天，如果水温过低，受精呈休眠状态，休眠期可达几个月。受精卵在整个孵化过程中，亲虾的游泳足会不停地摆动，形成水流，保证受精卵孵化对容氧的需求，同时利用第 2、第 3 对步足及时剔除未受精及病变、坏死的受精卵，保证孵化的顺利进行。刚孵出的幼虾即似成虾，但体色较淡，呈淡黄绿色，尾扇未打开，经过 3 次蜕壳方把尾扇打开。小龙虾亲虾有护幼习性，稚虾脱膜后不会立即离开母体，仍然附着在母体的游泳足上（图 2-8），直到稚虾完全能独立生活才离开母体。刚离开母体的稚虾一般不会远离母亲，在母亲的周围活动，一旦受到惊吓会立即重新附集到母体的游泳足上，躲避危险。小龙虾雌虾的这种抱卵、护幼习性，使得孵化率一般都在 90％以上，加之活力较强，因此能大量的繁殖。

图 2-8　护幼习性

（六）小龙虾的生活史图解

小龙虾出膜后的蚤状幼体，悬挂于母体腹部附肢，蜕壳变态后成仔虾，仔虾在母亲虾的保护下生长，当仔虾长到 1 厘米以上时成幼虾离开母虾独立生活，独立生活的幼虾经多次蜕壳生长，达到性成熟成为亲虾，雌雄亲虾交配繁衍后代（图 2-9）。

（七）蜕壳与生长

1. 蜕壳　蜕皮是甲壳动物生长的印记。小龙虾个体增长在外形上并不连续，通过蜕壳实现生长，蜕皮的整个过程包括蜕去旧甲壳，个体由于吸水迅速增大，然后新甲壳形成，12～24 小时后硬化，由幼虾到成虾共蜕皮 11 次。

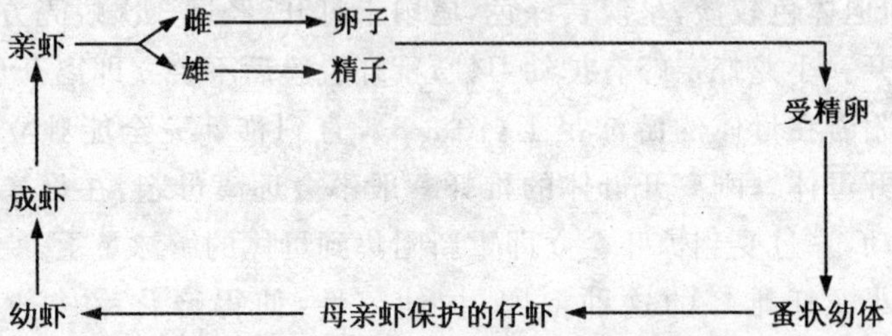

图 2-9　小龙虾虾的生活史

甲壳类动物每蜕壳一次就会长大一点，蜕壳也可以用来记录甲壳类动物年龄的，因此蜕壳与螯虾的个体发育有密切的关系，同时也受到水温和营养的影响。水质好、饵料充足、营养高小龙虾的蜕壳次数就会多，蜕壳周期就会缩短，反之，蜕壳的次数就会少，蜕壳周期会加长。一年四季都会见到小龙虾蜕壳，但蜕壳的数量在各月的分布是不均匀的。雄体蜕壳高峰在 3～6 月份，以 5 月份最高，有 85％的蜕壳；雌体蜕壳高峰也在 3～6 月份，以 6 月份最高，有 74％的虾蜕壳。其他各月，雌雄虾蜕壳数量约在 30％以下，12 月份数量最少。可见春季及其以后的一段时间是小龙虾的主要生长季节。在人工养殖过程中，要抓住小龙虾的生长旺季，增加高营养饲料的投喂量，加强水质的管理，缩短蜕壳周期，增加蜕壳的次数，加快螯虾的生长速度。

2. 生长　小龙虾生长总的趋势是：从孵化后到体重 20 克这一阶段内，生长速率是加速度的增长：在达到 50～100 克的阶段，其生长的速率保持在相对稳定的水平，超过这个阶段，生长速率便呈下降的趋势。因而形成一个倒“U”字形的生长曲线。

小龙虾生长速度较快，一般春季繁殖的虾苗，经 2～3 个月的饲养，其规格就可以达到 6 厘米以上，即可捕捞上市，通常在 7～8 月份开始捕捞。而秋季繁殖的幼虾，经过越冬后，到第二年的6～7月份，其规格可达8厘米以上，长得比较丰满，壳硬肉厚。

小龙虾在6.0厘米以前，雌雄虾的体重增长都较缓慢，两者之间的生长速度没有显著的差异；6.0厘米以后，体重增长加快，并且雄虾的生长速度逐渐快于雌虾。雄虾的捕获规格以体长6.0～6.5厘米为宜，即全长8～8.5厘米、质量15～20克；雌虾的捕获也以体长6.0～6.5厘米为宜，即全长8～8.5厘米、质量15～18克(表2-5)。

表2-5　虾不同体长组对应的各项分析指标

虾别	体长组（厘米）	样本（尾）	个体出现率（%）	平均体长（厘米）	平均全长（厘米）	平均体重（克）	头胸甲长（厘米）	相对增重率（%）
雄虾	1.75×2.25	2	0.77	1.85	2.50	0.30	1.23	
	2.25×2.75	2	0.77	2.42	3.26	0.66	1.58	124.36
	2.75×3.25	1	0.39	3.30	4.30	1.58	2.10	138.72
	3.25×3.75	1	0.39	3.50	4.60	2.29	2.40	44.94
	3.75×4.25	6	2.32	4.10	5.47	3.45	2.72	50.58
	4.25×4.75	3	1.16	4.58	6.07	5.22	3.05	51.47
	4.75×5.25	13	5.02	5.00	6.75	7.46	3.37	42.78
	5.25×5.75	31	11.97	5.52	7.33	10.49	3.65	40.68
	5.75×6.25	50	19.31	6.00	7.99	14.72	3.90	40.34
	6.25×6.75	50	19.31	6.53	8.64	19.45	4.34	32.09
	6.75×7.25	26	10.04	7.0	9.29	23.41	4.67	20.36
	7.25×7.75	37	14.29	7.46	9.76	28.87	4.85	23.32
	7.75×8.25	22	8.49	7.98	10.32	34.04	5.31	17.91
	8.25×8.75	12	4.63	8.53	11.18	40.36	5.72	18.57
	8.75×9.25	3	1.16	8.95	11.68	59.99	6.05	48.65

续表 2-5

虾别	体长组（厘米）	样本（尾）	个体出现率（%）	平均体长（厘米）	平均全长（厘米）	平均体重（克）	头胸甲长（厘米）	相对增重率（%）
雌虾	1.75×2.25	5	1.49	2.04	2.78	0.47	1.37	
	2.25×2.75	3	0.90	2.42	3.30	0.72	1.63	53.90
	2.75×3.25	1	0.30	3.00	4.10	1.35	2.00	86.64
	3.25×3.75	2	0.60	3.12	4.67	3.17	2.24	60.90
	3.75×4.25	4	1.19	3.99	5.35	3.42	2.60	57.21
	4.25×4.75	6	1.79	4.46	5.97	4.63	2.90	35.48
	4.75×5.25	8	2.39	5.03	6.73	8.25	3.33	78.37
	5.25×5.75	29	8.66	5.48	7.32	12.64	3.62	53.20
	5.75×6.25	49	14.63	6.10	8.13	15.50	4.0	23.20
	6.25×6.75	61	18.21	6.50	8.65	18.18	4.29	16.74
	6.75×7.25	47	14.03	6.90	9.26	23.13	4.63	27.20
	7.25×7.75	39	11.64	7.52	9.92	27.10	5.0	17.18
	7.75×8.25	42	12.54	8.00	10.54	30.93	5.30	14.14
	8.25×8.75	22	6.75	8.48	11.17	37.53	5.68	21.31
	8.75×9.25	11	3.28	8.97	11.71	45.13	5.96	20.27
	9.25×9.75	4	1.19	9.50	12.53	54.06	6.34	19.78
	9.75×10.25	1	0.30	9.90	12.90	71.05	6.80	31.43
	10.25×10.75	1	0.30	10.60	14.40	80.32	7.30	13.05

注：该表仿李浪平。

我们通过观察与测量多尾不同生活时期的螯虾的体重、体长，得到体长与体重的关系，建立了小龙虾的生长模型。其中体长、体重的关系为：雌体 $W=0.0199L\times3.2442$，雄体 $W=0.0155L\times3.4065$，而小龙虾的生长可以用 Von Beralanffy 生长方程描述，证明是符合生长模型的，并推算出一些有意义的生态学参数。

雌体性成熟年龄为 0.8 年，生长速度最大的年龄为 3.0 年，生态寿命为 5.3 年；雄性性成熟年龄为 0.7 年，生长速度最大的年龄为 2.5 年，生态寿命为 4.3 年。但在自然水域中我们很难找到超过 3 冬龄以上，这主要是生态年龄与实际年龄有一定的差距，同时，人类的捕捞，水环境的改变，气候的变化，其他生物的捕食和病害的发生等，都是导致小龙虾难发达到生态年龄的因素。

第三章　小龙虾苗种生产技术

一、繁殖场的选择与准备

(一)水质环境要求

水是池塘养虾的首要条件,水质的好坏直接影响到虾的生长发育,水质必须从物理、生物、化学三个方面来考虑,看看是否适合虾的栖息生长。

1. 水温　春秋季节水温在20℃左右时,小龙虾的性腺会出现大批量性腺发育成熟,开始繁殖。我国长江流域小龙虾群体的有两个主要交配产卵期,即秋季9～10月份和翌年开春后的4～5月份,交配或产卵后的亲虾产卵与孵化的时间较长,在养殖条件下可全年繁育苗种。

2. 溶氧量　小龙虾对养殖水体溶解氧要求较高。在水温(20.0±0.5)℃恒温状态下,大规格实验虾的耗氧率仅为小规格个体的34.53%,差异极显著($P<0.01$);同时,克氏原螯虾耗氧率昼夜变化规律明显。小龙虾耗氧率和窒息点均比鱼类为高,在鱼池缺氧条件下,小龙虾最先“浮头”爬到岸上,在养殖池塘中,水体缺氧,小龙虾会爬到水草上侧卧,使头部一半在水中,一半在水中呼吸氧气。因此,小龙虾全人工养殖过程中,一般要求养虾水体溶氧量在3毫克/升以上。

3. 酸碱度　小龙虾在人工养殖过程中,对养殖水体中酸碱度的要求与鱼类基本相似,以微碱性为宜。pH 7.0～8.5时小龙虾生长良好,成活率高。生产过程中,可采用生石灰清池和泼洒生石灰水,改善水质酸碱度。

4. 盐度　小龙虾类通常在淡水中生活，也可以在低盐度的海水中生活，养殖中要求水体盐度在0.3%以下，否则影响养殖虾的规格和产量。

5. 重金属离子　重金属对生物体新陈代谢极为重要，超过一定数量，则会变成剧毒，能使水生生物致死；低浓度时，可抑制生物的生理作用，而且能在生物体内积累，再经过食物链，危害消费者健康。由于工业的快速发展，养殖水体污染日趋严重，因水质污染引起水生动物大批死亡，时有发生，对小龙虾养殖的正常开展造成一定影响。重金属离子对淡水小龙虾类产生毒害作用，一般是通过两条途径：一是重金属与生物体内蛋白质结合，抑制酵素酶的活动，破坏正常的生理作用；二是重金属与鳃黏膜结合，破坏鳃组织，阻碍呼吸，导致窒息死亡。实验证明，重金属对虾类的毒性依此为：Cd＞Hg＞Zn＞Mn＞Fe，Cd毒性最大，其次是Hg、Zn，其中，Hg为0.010 2毫克/升，Cd为0.002 1毫克/升，Zn为0.072 3毫克/升，As为1.051 9毫克/升。

总之，小龙虾养殖池的水质要保持“肥、活、爽、嫩”，透明度在30厘米左右，pH值在7～8，若水质偏酸性，可用泼洒石灰水来调节，注意保持水质清新，要经常换水，水深保持在1.2米以上；要注意池塘清洁。养殖池中种植水生植物，可以作为养殖虾的栖息、隐蔽场所，也是虾类的饵料，同时能起到调节水质的作用，水生植物的种植面积一般占池水面面积的1/3以上，保持空气和水面的接触面积。

(二)土壤与底泥要求

土质好坏是新建虾场的重要条件。土壤可分为：壤土、黏土、沙土等多种。黏质土池塘容易板结，不易漏水，保水力强，水中的营养盐类不易渗漏损失，有利于饲养生物的繁殖；沙质土池塘易渗水，不能保水且易漏水、崩塌，容易造成池水清瘦，不利于饲养生物的繁殖。因此，用来建造虾池的土壤以壤土、黏土为好，沙土最差。

虾池经过几年养殖后，残存饵料、粪便等与泥沙混合形成淤泥沉积池底，淤泥过多，易造成水体缺氧。在缺氧条件下，有机物产生大量的有机酸类物质，使 pH 下降，引起致病微生物的大量繁殖。小龙虾营底栖生活，在不良的环境条件下，其抵抗疾病的能力减弱，新陈代谢下降，容易引发疾病。因此，改善池塘养殖环境，特别是防止淤泥过多，是养殖的重要措施。一般来说，在精养虾塘中，淤泥厚度保持在 15 厘米以内为妥。对于淤泥过多的老池塘可采取下列措施。

(1)清塘：排干池水，挖除过多淤泥，可用作作物或青饲料的肥料。池塘要求每年排水一次，干池后挖去过多淤泥。

(2)晒池：排干池水清塘后，通过日晒或冰冻不仅可以杀灭病菌，而且增加淤泥的通气性，促使淤泥的中间产物分解、矿化，变成简单的无机物。

(3)消毒：使用生石灰消毒，杀灭寄生虫、病菌和害虫等以使池塘保持微碱性的环境和提高池水的硬度，增加缓冲能力，并使淤泥中被胶体所吸附的营养物质代换释放，以增加水的肥度。

(三)小龙虾养殖池塘的设计

1. 小龙虾养殖场的池塘有两种

苗种繁育池和成虾养殖池。一般选择避风向阳、无污染、排灌方便、空气流通、环境安静的地方建造。

(1)苗种繁育池：要求排灌、管理方便，有利于亲虾的饲养管理以及亲虾性腺成熟、摄食状况的检查，面积一般为 2～5 亩，池深 1.2～1.5 米。池埂坡设有平台，便于小龙虾投饲摄食和打洞穴居。

(2)成虾养殖池：小龙虾成虾养殖阶段生长快，需要较大空间，面积通常为 5～10 亩，或更大一些，水深 1.2～1.5 米。池中间设平台，池坡设 1 米宽的平台。

根据小龙虾生活习性，生长、防涝要求等设计养殖池塘和堤坝。

①养虾池塘：要求整洁、规格化。各类池子的要求除面积、水深不同外，都应是长方形，长宽比为 2∶1 或 3∶2 为宜。

②堤坝：是构成池塘的主要部分，有外围堤、交通堤、排水堤、横隔堤等。根据用途与土质不同，各种堤的地面宽度和坡度各不相同。堤坡是堤坝的垂直高度与堤脚水平距离之比（图 3-1）。除外围堤外，其他各堤的地面高程尽量保持一致。

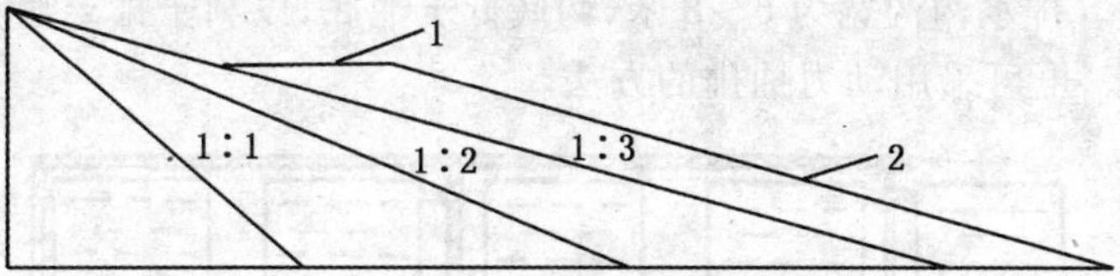

图 3-1　堤坡示意图

1. 平台；2. 斜坡

外围堤：作用保护全场安全，免遭洪水侵袭。堤面宽度要求 3～3.5 米，堤坡度为 1∶2，堤面高度不得低于历年的最高洪水水位。

交通堤：通行车辆的主要道路，堤面宽度在 6 米左右，坡度不低于 1∶2.5。

排水堤：如果池塘自行排水，堤宽为 2.5～3.5 米，坡度为 1∶1.5；如果池塘动力排水，则可在同一条堤上开排水沟，堤面宽为 4～4.5 米，坡度为 1∶1.5。

进水堤：堤面宽 3～4 米。

横隔堤：虾池之间的堤，也是拉网操作的场所，堤面宽 2.0～2.5 米，堤坡 1∶（2～3）。在离池面 0.6 米处做一平台宽 1～1.2 米（图 3-1）。

2.进、排水系统

(1)进水系统。可由进水渠或进水管道构成,辅以水泵、节制闸、过滤设备等设施。养殖场常用水泵有离心泵,混流泵,潜水泵等。当水源水位低,不能自流进养殖池塘时,需要使用水泵。进水口周围应扎上铁丝网、筛网等,滤水并过滤野杂鱼等有害生物进入虾池。进水渠多数采用水泥护坡结构,深 50 厘米,底宽 35 厘米左右。可设立节制闸控制池塘进水量。

(2)排水系统。养殖池塘排水口位于池底的最低处,与排水沟相通。排水沟沟宽为 5～8 米,沟底低于池底,以利于排干池水(图 3-2)。也可采用动力抽排的方法。

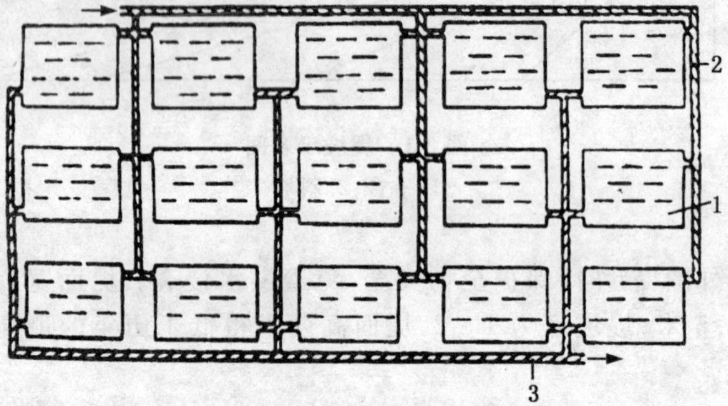

图 3-2 虾池进、排水排列示意图

1.全池;2.进水沟;3.排水沟

二、亲虾培育

(一)苗种繁育池塘选择

专池繁育小龙虾苗种的繁育池,不宜过大,面积一般在 1～3 亩,池底的淤泥少于 10 厘米,有深水区与浅水区,根据小龙虾的穴居习性，池中最好有自然的土堆，有利于亲虾掘穴交配、产卵。深水区的水深1米以上，池埂宽1.5米以上，不渗水，不漏水，土质要求为黏土，小龙虾打洞后洞口不会坍塌，有方便的进、排水系统，交通便利。

（二）亲虾放养前池塘准备

苗种池选好后，首先要进行整修，抽干池水，加固池埂，清除多余的淤泥，人工开挖深水区的沟渠，建造浅水区及必要土堆，为小龙虾的穴居提供必需条件。同时安装好防逃设施，材料可选用石棉瓦、硬塑料板、水泥瓦等，因地制宜，只要能起到防逃效果即可。

在亲虾入池前15天，用生石灰100千克/亩化成水全池泼洒消毒，清除敌害生物及竞争生物，杀灭病原体。同时施放300～500千克/亩的腐熟有机肥堆于池埂四周，用于肥水培养生物饵料，然后进水，进出水口要安装过滤设施，进出水的过滤网的网目必须在60目以上，防止敌害生物、野杂鱼苗及鱼卵的进入。

小龙虾具有地盘性和相互残杀性，进水后须向池中投放一定量的隐蔽物，供淡水小龙虾攀缘、栖息、躲藏。隐蔽物的种类主要有茶树枝、柳树根、竹筒和PVC管等，原则是取材方便，价格便宜。此外需向池中移植一定量的水生植物，池埂上的杂草不必除去，可以起到固土、保护洞穴的作用，水生植物的面积不超过繁育池的1/2。水生植物移植时要注意移植的水生植物品种，有选择的进行移植，浮水植物、沉水植物、挺水植物三者均要兼顾，目前主要移植的水生植物有：水浮莲、水葫芦、槐叶萍、水花生、黄花水龙等浮水植物；芦苇、野茭白、慈姑、香蒲、藕等挺水植物；马来眼子菜、伊乐藻、金鱼藻、苦草、聚藻等沉水植物。

（三）亲虾的选择与放养

小龙虾的性成熟后虾壳为红色或褐红色，虾壳较硬而厚，通常受精卵孵化后蜕壳11次以上的虾，体重一般在25～30克/只。亲虾的选择既可在当年的8～9月份进行，也可在翌年的4～5月份进行。选择前要对亲虾(主要是雌虾)成熟情况进行抽查,尽可能选择性腺发育丰满、成熟度好、腹部饱满有肉的雌虾作为亲虾。

选择亲虾的标准如下:

(1)颜色暗红或黑红色、有光泽、体表光滑无附着物。

(2)个体大,雌雄性个体重都要在40克以上,最好雄性个体大于雌性个体。

(3)亲虾雌、雄性都要求附肢齐全、无损伤,体格健壮、活动能力强。

外购亲虾,必须摸清来源、原生存环境、捕捞方法、离水时间等,运输方法要得当,在运输过程中要注意不要挤压,并一直要保持潮湿,避免阳光直射,尽量缩短运输时间,一般不要超过4小时,最好是就近购买。到达塘边后,先洒水,后连同包装一起浸入池中1～2分钟,取出静放1～2分钟,反复2～3次后,让亲虾充分吸水,排出腮中的空气,再把亲虾放入繁育池中。放养时要多点放养,不可集中一点放养。亲虾的放养量每亩控制在75～150千克。在生产中淡水小龙虾雌雄亲虾配比以(1.2～1.5)∶1为宜。

(四)亲虾的饲养管理

由于亲虾的放养时间不同,后期管理上也存在着一定的差别。亲虾的饲养管理主要包括产前培育管理和越冬管理。

1.产前培育管理　6月底7月初放养的亲虾,放养后要投喂优质精饲料、保持水质清新进行强化培育。亲虾放养后要保持良好的水质环境,定期加注新水,更换部分池水,有条件的可以采用微流水的方式,保持水质清新。亲虾由于性腺发育的营养需求,对动物性饲料的需求量较大,喂养的好坏直接影响到其怀卵量及产卵量、产苗量。因此,在亲虾的喂养过程中,必须增加动物性、高营养性饲料的投入,以投喂优质配合饲料为主,适当定时投喂一些小杂鱼。一般是每天投喂2次,总喂养量占存塘亲虾总重量的4%～5%,上午1次,喂量占全天喂量的30%左右;傍晚1次,占全天喂量的70%左右；同时根据天气、摄食情况及时调整。

此外还必须加强日常管理，每天坚持巡塘数次，检查摄食、水质、交配、产卵、防逃设施等项目，及时捞除残饵，修补破损的防逃设施等。

2. 越冬管理　8～9月份放养的亲虾，须考虑越冬管理，促使其安全交配、产卵、孵化、安全越冬。越冬前必须加强投喂，增强亲虾的体质，为安全越冬储备必需的营养，提高越冬的成活率。当水温降至10℃以下，亲虾基本入洞穴越冬，很少出洞活动，此时应适当加深水位，保证洞中有水或保持潮湿，但水深不可超过洞口，否则亲虾会出洞重新选择地方打洞。当亲虾基本入洞后，沿池塘四周水边铺一层薄薄的植物秸秆，如稻草、芦苇、香蒲等，一是为了保暖，二是为在亲虾越冬前产下的仔虾提供隐蔽、越冬的场所。

当水位加满后，要施放肥料，保持水质的一定肥度，一般每亩施放腐熟有机肥100千克左右，堆于池塘四角或四周的水中。冬季水质由于受天气的影响，极易变清，根据实际情况，必要时还需追施肥料，透明度维持在30厘米左右。水肥不易结冰，且水中的浮游生物会多，尤其到春天，浮游生物会很快的大量繁殖，仔虾一出洞就极易得到营养丰富、大小适口的天然饵料，提高了仔虾的成活率。

亲虾的洞穴有两种，一种是洞口泥土封住，这种洞穴俗称“封口洞”（图3-3），小龙虾在洞中一直到春季才会出洞；另一种洞口是开放式的（图3-4），小龙虾会在洞口洞底间游弋，当天气晴好、气温升高时，虾会出洞，在洞口附近活动。越冬期间遇到天气晴好、气温回升时，要在开放式洞口附近适当投喂一定量的饵料，供出洞活动的小龙虾摄食，提高越冬的成活率。坚持每日多次巡池，观察亲虾的活动情况，天寒时及时破冰，同时要做好各项记录工作，尤其是死亡情况，包括雌雄虾、个数、大小和重量等必须统计清楚，有利于以后喂养及苗种量的估算。

图 3-3 封口洞穴

图 3-4 开放式洞穴

三、苗种繁殖技术

小龙虾苗种繁育目前主要有两种方式，一是工厂化人工繁殖，二是土池人工繁殖，现分别介绍如下。

（一）工厂化人工繁殖

建立室内水泥池进行工厂化繁殖小龙虾苗种，采用流水或充气相结合定期换水的方法，为虾苗生长发育提供良好的环境。可根据养殖生产需求，定时提供充足的虾苗。

1. *育苗设施* 工厂化育苗设施主要有：室内孵化池、育苗池、供水系统、供气系统及应急供电设备等。有条件的育苗厂也可建设室内亲虾暂养池及交配卵池等。繁殖池、育苗池的面积一般12～20 米^2，池水深 1 米左右，建有进、排水系统及供气设施，进、排水管道以塑料制品为好。繁殖池及育苗池的建设规模，应根据本单位生产规模及周边地区虾苗市场需求量而定。

2. *抱卵虾放养及幼体孵化* 工厂化育苗所用的亲虾为池塘、湖泊或水库中采捕的抱卵虾；也可选用秋季收集的亲虾，经土池强化培育后，在池塘中自然交配产卵的抱卵亲虾。选择受精卵子颜色基本一致的，以保证所孵出的幼体发育基本同步，从而确保出池虾苗的规格基本一致。

抱卵虾可直接放入孵化池中,也可放入孵化池里的网箱中,网箱的网目大小能使虾苗穿过,直接进入孵化池中。放养量为每平方放养抱卵虾 100 只左右。及时捕出产空的亲虾,幼虾分散于池的底层,营底栖生活,进行虾苗培育。也可让抱卵虾在繁殖池中集中孵化,然后将幼虾用网捕捞分散到育苗池中进行培育。在收集移苗过程中动作要轻、快,以防幼虾受伤影响发育及成活率。

3. 虾苗培育　孵化后的幼虾很快开始进食,此时即可投喂饵料。饵料主要是天然浮游动物和人工饵料。天然浮游动物主要为轮虫、小型棱角类及桡足类的无节幼体,投喂可分上、下午各 1 次;人工饵料主要为熟鱼蚌肉浆及颗粒饵料等,每天投喂 2～4 次,投喂量根据幼虾活动情况、摄食情况及发育情况等确定。亲虾护幼期间适当投喂成虾料。勤换水,保持良好的水质环境,整个苗种繁育过程要求 24 小时连续充气增氧。

4. 起捕分养　幼虾离开母体后,在水温 20～25℃的水中经 10 多天培育,幼虾长到 2 厘米以上时可起捕,进行幼虾培育或直接进行成虾养殖。

由于小龙虾的受精卵个体较大,亲虾抱卵量少,受精卵孵化后亲虾有护幼习性,工厂化繁育苗种产量低、成本高,在苗种生产上一般不用。工厂化育苗方式主要用于小龙虾的研究和良种的选育等。

(二)土池人工繁殖

小龙虾土池繁育苗种成本低,可操作性强,是解决小龙虾苗种来源的最佳途径,生产上主要应用这种育苗方法。淡水小龙虾个体繁殖能力小,群体繁殖能力很强,整个群体分秋季和春季繁殖,土池苗种繁育期间要做好如下管理工作。

1. 水质管理　在秋季和春季当水温达到 18℃以上,亲虾会陆续出洞。当发现亲虾出洞后(洞口有新鲜泥土表示小龙虾已经开始出洞），必须适当补充一些新鲜水或更换一部分池水，加水或换水量控制在10厘米左右，有条件的最好保持有微流水的存在，使水体中溶氧能保证稚虾正常生长的需要。

2.饲料投放　此时出洞的雌虾大部分是抱仔虾，也有部分稚虾相继离开母体，在其周围活动，一旦受到惊吓，就会迅速吸附到母体上。这一时期稚虾活动能力较弱，如果不能及时得到充足、适口、营养丰富的饵料，就会影响到稚虾的蜕壳生长，甚至会因营养不足而导致大批死亡。因此，须适当进行追肥，每亩追施腐熟有机肥100千克左右，采用全池泼洒的方法，培养营养丰富的浮游生物等天然饵料，供稚虾利用。

稚虾陆续离开母体独立生活，天然饵料已不能满足稚虾生长的需求，要投入营养价值较高的动物性人工饵料，主要有鱼糜等。沿池四周进行泼洒喂养，每日两次，上午占日投喂总量的40%，傍晚占60%，日投喂量按每万尾虾100克鱼计。此时亲虾仍在池中，为了防止争食，在投喂鱼糜前，必须先投喂一定量的亲虾料，品种可以是颗粒料、麸皮、麦子、玉米、切碎的鱼块或屠宰场下脚料等。日投喂量占亲虾总重量的3%～4%，让亲虾先吃饱，减轻亲虾与稚虾争食的程度。

为了防止亲虾与稚虾争夺饵料、地盘，以及亲虾吞食稚虾的现象发生，需捕出雄亲虾、没有抱仔的雌亲虾及早期离开母体，现已长成规格较大的幼虾，为稚虾生长营造一个良好的环境。具体方式是采取定置地笼捕捞，选择网眼相对较大，但又不卡幼虾的地笼对亲虾进行捕捞。捕捞出的亲虾若有抱卵或抱仔的应立即放入原池中进行继续饲养，其他的可以直接上市，也可放入暂养池中强化培育，让其恢复后作为亲虾再次使用或上市（目前亲虾只是使用2年，一般不提倡使用3年），捕捞出的大规格幼虾可以直接放入成虾中进行养成，也可以出售，不宜放回原池。

3.环境营造　为了稚虾能顺利蜕壳，不受到同类的伤害，提高苗种的成活率，有必要向苗种池中投入一定量的已经过消毒的人工隐蔽物。人工隐蔽物的品种有毛竹筒、深色PVC管、易拉罐、瓦片、石棉瓦、柳树根、棕榈树皮、茶树枝；面积相对较大的枯树叶如意杨叶、梧桐叶等；最价廉物美、最易取到、效果也较好的人工隐蔽物是柳树根、棕榈树皮、茶树枝、意杨叶、梧桐叶；在池底铺设一定量的植物秸秆也能起到较好效果。铺设好人工隐蔽物后，要密切注意水质的变化，一旦发现水质变坏（尤其是铺设植物秸秆的，水质变化很快），必须及时进行换水，始终保持一个良好的水质环境。

（三）成虾养殖池繁育苗种

1. 池塘的准备　在投放亲虾前应对池塘进行清整、维修、清除多余的淤泥、修建防逃设施，进行必要的清野、消毒、杀灭敌害生物及病源。进水时进行彻底的过滤，防止野杂鱼等进入。进水后要种植或移植水生植物，总面积要占全池面积的2/3左右，同时增设一定量的人工隐蔽物。初次进水的深度要稍高，保持在1米以上，适当施放基肥，一般每亩施放腐熟有机肥200千克左右。

2. 亲虾的投放　亲虾的投放选择在晴天的早上进行，避免阳光直射。投放时要注意分散、多点投放。亲虾投放主要有三种模式：一是投放外购亲虾，到池边后须让亲虾充分汲水后方可投放，每亩投放亲虾量控制在30千克以下，雌雄比(1.5～2)∶1；二是直接投放抱卵亲虾，每亩投放量控制在20千克左右，适当搭配5%数量的雄虾，防止抱卵虾经过搬动后受精卵脱落，放养雄虾可以再次交配、产卵；三是在前一年养殖的基础上，留取部分成虾不捕，作为亲虾在池中饲养后繁育苗种，该方法要正确估算存塘亲虾量。

3. 管理　亲虾投放后，必须加强动物性饲料的投喂，保证亲虾繁殖的营养需求。经过7～10天的饲养，亲虾会逐步掘穴交配产卵，当观察到部分亲虾进洞后，可慢速排出部分池水，使水深维持在60厘米左右，经常检查亲虾的抱卵情况（图3-5）。适时追肥培育水质，使早期繁殖后离开母体的稚仔能及时、充分地得到适口且营养丰富的天然饵料。当发现亲虾大量抱卵或有一定量的稚虾时，要及时捕出雄亲虾及产过苗的雌亲虾，尽量减少存塘量，为抱卵虾的受精卵孵化及离开母体的稚虾生长提供一个良好的环境。

图 3-5 检查小龙虾抱卵情况

到 11 月份，气温逐步降低，大量的亲虾及大规格的幼虾已陆续进洞，有的洞口甚至已经用泥土封死（整个越冬期间是不打开的）。此时应逐步把池水加深，直到加至与淡水小龙虾的洞口稍低部位，力保小龙虾洞中有一定的水位或相对较潮湿。冬季气温高时，有部分淡水小龙虾在洞口附近活动，此时，可适当投喂一定量的饵料供其使用，日投喂量可视摄食情况、天气状况、气温的高低灵活掌握，并及时调整，通常是天气晴好、气温高时的下午投喂，投喂地点选在四周洞穴较多的地方。

冬季，水生植物基本已枯萎死亡，需在池塘四周水边铺设一定量的植物秸秆，如稻草、麦秆、芦荟、香蒲等，并向池中投放一定量的茶树枝、意杨（或梧桐）叶、柳树根、棕榈皮等稚仔喜欢的隐蔽人工材料，让离开母体又不能掘穴的稚虾有隐蔽场所，能安全越冬。投放量根据稚虾量而定，但总面积一般不超过池面积的 1/2。

春季，当水温回升到 10℃以上，并相对稳定时，就会有淡水小龙虾离开洞穴出来活动。此时，越冬后的幼虾开始摄食，投喂植物性饲料的同时须增加动物性饲料的投喂比例。为了防止争食，必须先投喂颗粒状饲料，让大虾先行吃饱后再投喂稚虾及幼虾料。

开春后另外一项重要的工作是检查稚虾离开母体的情况。一旦发现有部分稚虾离开母体，必须做好产后亲虾的捕捞工作。在捕捞亲虾的同时，根据捕获的雌亲虾数量，测算出存塘稚虾的数量，通常每只雌亲虾按产 200～250 只稚虾测算，若在捕亲虾时发现稚虾及幼虾数量过多(超过计划放养量)可以在捕亲虾的同时捕出多余的稚虾和幼虾，单独培养或出售，既可以创造一定的收入，又可以减轻存塘的压力，使其不影响整体稚仔及幼虾的生长，以及成虾的饲养、管理。

四、幼虾的培育技术

苗种繁育池中亲虾产卵、孵化、抱仔不是同步的，个体间存在着一定的差异，造成发育的不同步，个体之间的规格也存在着一定差别，给幼虾的培育带来了一定的困难，为了提高幼虾培育的成活率，有必要对幼虾进行单独培育，进一步提高培育效果。

1. 幼虾池的选择与前期准备　幼虾池应选择靠近水源、水量充足、水质好、土质为黏性的地方，新建池必须有完善的进、排水系统，水深达 1 米以上，池中开挖必要的沟渠，有利于今后幼虾的捕捞。虾池形状以长方形，面积 1～4 亩为宜，池埂的坡比要大，达到 1∶(3～3.5)。也可用老鱼种池进行改造，清除多余的底泥，加固池埂，开挖必要的沟渠。有条件的可以利用面积 8～10 $米^2$ 的水泥池进行幼虾的流水培育(图 3-6，图 3-7)，效果较好。

鱼池选好后，不论是新建鱼池还是改建鱼池，都必须修建必要的防逃设施，进、排水口安装有严格的过滤防逃装置。仔虾放养前 10 天，每亩还必须用 100 千克左右生石灰化成水进行全池泼洒消

图 3-6　培育幼虾的水泥池

图 3-7　水泥培育池消毒

毒、清野、灭菌，移植或种植必要的水生植物。春天放苗时水生植物还未能茂盛生长，须加入人工隐蔽物，水泥池也是如此。实际养殖生产中使用的隐蔽物多种多样，一般是因地制宜，采用价格便宜、易取到、效果好的物质，通常有稻草、芦苇秆、茶树枝、柳树根、棕榈皮、大面积的树叶（意杨叶、梧桐叶等），铺设的面积占总面积的 2/3 左右，厚度不易过大，厚度过大极易造成水质的快速变化，反而影响稚虾的生长（图 3-8）。

图 3-8　养殖池隐蔽物

采用土池培育幼虾的池塘，在稚虾放养前必须先施基肥，培养浮游生物，通常初次进水的深度 50 厘米左右，每亩施放腐熟的有机肥 200 千克左右，做到肥水下池，有利于提高稚虾的成活率。

2. 虾苗(稚虾)的放养　稚虾相对比较稚嫩、娇弱，要避免强阳光直射，通常选择晴天的早晨或阴雨天进行虾苗放养。运输放养过程中动作要轻、快，保持虾体潮湿。一般每亩放养 1 厘米以上的稚虾 10 万～15 万只，条件好、饲养管理水平高、技术强的可适当多放，达每亩 20 万只左右。水泥池或具有流水条件的也可适当增加投放量。为防止相互残杀，同一培育池要求放养的稚虾规格整齐。放养时分散，多点放养，不可堆积，各放养点均要做好标志，为今后的喂养管理及捕捞提供方便。放养时计数也要尽量准确，为科学管理提供依据。

3. 饲料的投喂　稚虾可以利用水体中的轮虫、枝角类、桡足类等浮游动物及底栖软体动物作为饵料。饲养初期人工饵料可以相对少投喂。随着稚虾的虾体逐步长大，要及时增加人工饵料的投喂量，前期可以泼洒豆浆与鱼肉糜，日投两次，上午喂总量的 30%，傍晚喂总量的 70%。1 周后，可直接投喂绞碎的螺、蚬、蚌肉、鱼肉、动物的内脏、蚯蚓和人工配合饲料等。饲料投喂必须实行定质、定量、定时，使稚虾能吃饱吃好，各放养点要适当多喂些。

4. 日常管理

(1)水质管理。定期加水或换水，一般是 7 天左右加水或换水 1 次，每次 15 厘米左右，特殊情况下要及时加水或换水，使得水体中溶解氧保持在 3 毫克/升以上，pH 在 7～8.5，必要时要泼洒一些生石灰水，进行水质调节，缩短稚虾的蜕壳周期，增加蜕壳的次数。

(2)坚持每日多次巡池观察，检查稚虾的脱壳、生长、摄食、活动情况，及时调整日投饲量，清除多余的残饵。随着气温的升高，及时向幼虾池中补投必要的水生植物，为幼虾提供隐蔽的场所，有利于蜕壳，防止相互间的残杀，同时植物嫩芽可供幼虾食用，提高幼体的抵抗力(图 3-9、图 3-10)。

图 3-9　检查稚虾生长情况(1)

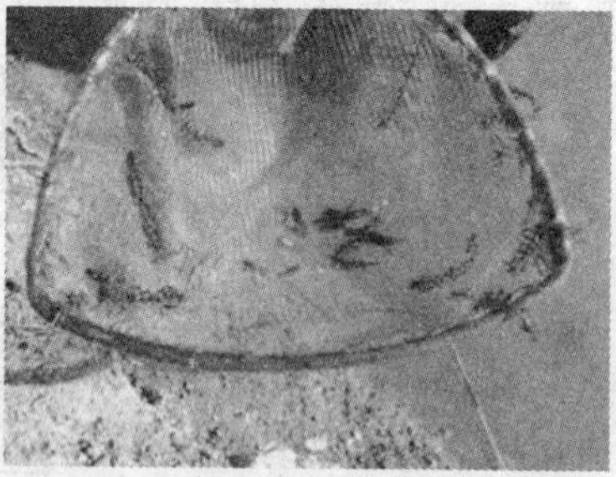

图 3-10　检查稚虾生长情况(2)

5. 幼虾的捕捞与运输　在良好的饲养条件和精心管理下，经过 25 天左右的培育，幼虾即可捕捞出池放入成池虾中养成或出售。幼虾的捕捞方法较多，一是利用淡水小龙虾喜欢躲在隐蔽物背后的生活习性，用手抄网反复抄取多次捕捉，二是采用地笼进行捕捞，一般晚上投放捕虾地笼，第二天早上收集捕到的龙虾，及时分拣。捕捞起来的幼虾要放在网箱中稍做暂养，暂养时密度不宜过大，且必须有增氧设施，网箱要具备防逃功能，待其体力恢复后再进行放养或出售。

小龙虾对环境的适应能力很强，离开水体可以生存相当长的时间，因此运输相对较为简单、方便。通常是采用 80 厘米×40 厘米×15 厘米的网隔箱装运，在箱内放少量的水草和适量的水，不可堆装过厚，防止压伤底层幼虾，通常一个箱中放幼虾 5 千克左右(图 3-11)；也可用塑料周转箱内铺密网眼网布及少量水草，装好幼虾后上层再覆盖一层水草进行运输(图 3-12)。在运输过程中注意保持虾体潮湿，避免阳光直接照射，运输时间不宜过长，否则会影响下池后的成活率。目前也有采用运输青虾的方法进行小龙虾运输，用钢筋及网布做成的箱子，装好虾种后放入带水的水箱中，充纯氧进行运输，效果很好。或采用塑料袋充氧运输，该方法要求虾体不宜过大，否则额剑会刺破塑料袋，造成运输的失败。

图 3-11　幼虾运输箱

图 3-12　食品箱运输幼虾

第四章 小龙虾成虾养殖技术

小龙虾成虾养殖是将已达到一定体长的幼虾继续进行饲养，使其长到上市规格，成为商品虾。池塘养殖小龙虾模式中，由于池塘水体小，人力易控制，所以掌握成虾阶段的生长规律以及所需要的外界环境条件，提高单位面积的产量及上市规格，是成虾养殖的关键技术。

一、池塘养殖

（一）养殖场地的选择

养殖户普遍认为，小龙虾适应性强，连污水沟中都有生存，因此任何地方均可养殖。其实不然，在恶劣的环境中确有淡水小龙虾能生存，但在该环境条件下生长的小龙虾基本不会蜕壳生长（或生长极为缓慢），存活时间不长，成活率极低，甚至不会或很少交配繁殖。因此，龙虾养殖场地的选择，直接关系到养殖经济效益。选择时既要考虑龙虾的生活习性，也要考虑到水源、运输、土质、植被、饲料等各方面的具体情况，综合分析各方面利弊之后再决定养殖场的建设。因地制宜，综合规划，搞好生产配套，注重经济效益，力求发挥虾场的综合功能。

（1）位置。选择通风向阳、环境安静、靠近水源、水质良好、饵料来源丰富、交通和供电便利的地方。

（2）水源。丰富的地表水和地下水都可以作养龙虾的水源，如江河、湖泊、沟渠、水田、湿地和水库等。选址前要掌握当地的水文、气象资料，旱季要求能储水备旱，雨季能防洪抗涝。

（3）水质。水质好坏是养好虾的关键。水中所含化学物质（如重金属）和有机物质（如农药、除草剂等）应尽量少，避免淤泥造成水质浑浊。为了生产无公害克氏螯虾，在选择场地建虾池时，水质要求清净，污染少，符合我国颁布的渔业水质标准。

（4）土质。小龙虾有掘穴、穴居习性，沙土质或土质松软的地方，淡水小龙虾的洞穴极易坍塌，一旦洞穴坍塌，小龙虾会及时进行修补，反复坍塌反复修补，小龙虾的消耗极大，极大影响生长、交配、产卵、孵化、繁殖，也直接影响到小龙虾的越冬成活。因此在选址时一定要对土质进行必要的测试。土质以黏土为宜，沙土质或土质松软的地方不可建造养殖场进行小龙虾养殖。

虾池选址对土质的化学成分也有一定要求。含铁量过多的土壤不宜建造虾池，因铁离子在水中形成胶体氢氧化铁或氧化铁赤褐色沉淀，附于小龙虾鳃丝上，不利于呼吸，特别是虾卵孵化和幼体虾危害较大。

利用荒地建造池塘时，要注意土壤中是否存在有毒有害物质，例如，人为或自然造成的过酸性地带或埋置工业垃圾的地区，不适于建虾场。

（5）地形。宜选择平地建池，工程量最小，节省劳力和投资，灌排水方便，利于操作管理。

（6）供排水方便。在进水口设置屏障，防止野杂鱼进入水池；出水口的设计要能控制水位，同时也要设置屏障，防止小龙虾逃逸。此外还需建造水道，在捕捞时能排尽池水；充氧和流水可避免小龙虾因缺氧而造成损失。

（7）通讯与交通。养殖场经常有饲料、物资的运输，产品上市输出及对外联络，信息交流等事项，因此便利的交通、方便的通讯是建场不可缺少的条件之一。

（二）养殖池塘的准备

1. 成虾养殖池的建立

（1）虾池建立的条件。成虾池的选择首先要求三通，即路通、电通、水通。其次水源要充足，水质良好，土质坚实，排潜水方便。另外，周围环境要求比较安静。为了提高小龙虾的商品价值，底泥不应该过深，多余的淤泥必须清除，淤泥控制在5厘米以内，淤泥过深会使小龙虾体部变成暗黑红色，肉味也将受到影响，不利于上市销售。

小龙虾饲养阶段不同，需要不同的配套池。成虾养殖阶段生长最快，需要较大的空间，面积为6～10亩，水深1.5～2米，甚至更深。池塘要保证不渗漏水，池埂宽度在1.5米以上，进、排水系统完善。池埂要有一定的坡度，坡比相对要求大些为好。池中设一条集虾槽，沟宽1～1.5米、深0.4米左右，向出水口倾斜，以利于成虾捕捞。池中要有浅水区、深水区，深水区的水位可达1.5米以上，浅水区面积要占到2/3左右。小龙虾喜打洞穴居，可在池埂内侧留出宽0.8～1米的平台，既便于龙虾挖穴，同时也可作为投喂饵料的食台用。每个池中还可留出2～3个露出水面的土堆或土埂，占池面的2%～5%，供龙虾掘洞栖息。开沟渠所取的土可就地堆成土堆，有利于增加水底平面的面积，既可以减轻劳动强度及成本的投入，又可以为淡水小龙虾提供更多的穴居地盘(图4-1)。

图4-1 成虾池内沟渠

（2）防逃设施的构建。龙虾具有攀爬逃跑的能力和逆水性，养殖虾塘进水或下大雨的天气易发生小龙虾逃逸的现象，因此池塘养殖时一定要具备完善的防逃设施（图 4-2）。防逃设施材料因地制宜，可以是石棉瓦、水泥瓦、塑料板、加塑料布的聚氯乙烯网片等，只要能达到取材方便、牢固、防逃效果好就行。进、出水口应安装防逃设施（图 4-3），进、排水时应用 60 目筛网过滤，严防野鱼混入。

图 4-2　防逃设施图.

图 4-3　进水口过滤、防逃设施图

①塑料薄膜防逃。在池埂的内侧插入高 30～40 厘米的木桩，木桩间隔 40～50 厘米，木桩下部内侧贴上厚塑料薄膜，高度 20～30 厘米，再在薄膜内加插木桩，间隔同外木桩对应，并用绳夹牢固，同时对夹牢固的塑料薄膜增加培土，一并打实以防虾逃。这种防逃设施一般可使用 2～3 年。

②石棉瓦块防逃。将石棉瓦块拆 2 段或 3 段，插在池埂内侧 1/3 处，深 10～15 厘米，注意瓦与瓦扣齿交垫。石棉瓦的内外均用木桩固牢，桩距 0.8～1 米。这种防逃设施可用 5 年以上。

（3）水草的栽培。小龙虾属甲壳类动物，从幼虾长到商品虾需要多次蜕皮，蜕皮后的软壳虾抵抗力大为减弱，易在虾类密集的池塘中被同类或蛇、鱼类等吞食。因此，人工养殖的池塘内宜栽水草，为小龙虾提供更多的隐蔽、栖息场所(图 4-4)。通过水草的生长繁殖来控制和改善养殖水体的生态环境。小龙虾是杂食性动物，可摄食水草中的眼子菜、轮叶黑藻、金鱼藻、凤眼莲、水浮莲、水花生芽等，种植水生植物也可为小龙虾提供更多的饲料源，促进小龙虾的生长。渔民有“要想养好虾，先要种好草”的谚语。只有种好一塘草，才能养好一塘虾。

图 4-4 成虾池内水生植物

栽培水草的优点：

①重要的天然饵料。水草茎叶富含维生素 C、维生素 E 和维生素 B_{12} 等，可补充动物性饵料中维生素的不足。此外，水草中含有丰富的钙、磷和多种微量元素。加之水草中通常含有 1%左右的粗纤维，这更有助于淡水小龙虾对多种食物的消化和吸收。

②为龙虾提供栖息和蜕皮的环境，防止逃逸。淡水小龙虾只能在水中做短暂的游泳，常爬上各种浮叶植物休息和嬉戏，因此，水草是它们适宜的栖息场所。更为重要的是：淡水小龙虾的周期性蜕壳常依附于水草的茎叶上，而蜕壳之后的软壳虾又常常要经过几个小时静伏不动的恢复期。在此期间，如果没有水草作掩护，

很容易遭到硬壳虾和某些鱼类的攻击。

③净化池塘水质,增加溶氧量。小龙虾对水质的要求较高,池塘中培植水草,不仅可在光合作用的过程中释放大量氧气,同时还可吸收塘中不断产生的氨态氮、二氧化碳和各种有机分解物,对于调节水体的pH、溶氧、稳定水质都有重要意义。

④不可忽视的药理作用。多种水草具有药用价值,小龙虾得病后可自行觅食,消除疾病,既省时省力,又能节约开支。

⑤重要的环境因子。水草的存在利于水生动物的生长,水生动物可成为小龙虾的动物性活饵料,水草对于小龙虾的生长和疾病防治具有直接或间接的意义。

⑥提高品质。池塘通过移栽水草,一方面能促使小龙虾经常在水草上活动,避免在底泥或洞中穴居,造成体色灰暗现象;另一方面净化水质,减少污物,使养成的小龙虾体色光亮,利于提高品质,保证较高的销售价格。

⑦防止夏秋季水温过高,消浪护坡,防止塘埂坍塌。池塘栽培水生经济植物还可供人们食用,提高养殖池塘经济收入。

适宜淡水小龙虾养殖的水草主要有以下几种:

水葫芦又名凤眼莲 *Eichhornia crassipes*;

水花生 *Alternanthera philoxeroides*(Mart.)Griseb.;

槐叶苹又名蜈蚣漂 *Salvinia natans*(L.)All.;

满江红又名紫藻、三角藻、红浮藻 *Azolla imbricata*(Roxb.)Nakai;

竹叶眼子菜又名马来眼子菜、箬叶藻 *Potamogeton malaianus* Miq.;

穿叶眼子菜 *Potamogeton perfoliatus* L.;

微齿眼子菜 *Potamigeton maackianus* A. Bennett;

篦齿眼子菜又名红线儿菹、龙须眼子菜 *Potamogeton pectinatus* L.;

菹草又名札草、虾藻 *Potamogeton crispus* L.；

光叶眼子菜 *Potamogeton lucens* L.；

尖叶眼子菜 *Potamogeton oxyphyllus* Miq；

小眼子菜又名线叶眼子菜、丝藻 *Potamogeton pusillus* L.；

水车前 *Ottelia alismoides*（L.）Pers.；

大叶海菜花 *Ottelia esquirolii*（Lévl，et Vant.）Dandy；

有尾水筛 *Blyxa echinosperma*（C. B. Clarke）Hook. f.；

水鳖又名芣菜 *Hydrocharis dubia*（Bl.）Bacjer；

水筛又名箦藻 *Blyxa japonica*（Miq.）Maxim；

软骨草又名鸭仔草 *Lagarosiphon alternifolia*（Roxb.）Deuce；

黑藻又名轮叶黑藻、轮叶水草 *Hydrilla verticillata*（L. f.）Royle；

大薸 *Pistia stratiotes* L.；

蕹菜 *Ipomoea aquatica*。

水草栽培方法：

水生植物移植时要注意植物品种，有选择地进行移植，浮水植物、沉水植物、挺水植物三者均要兼顾，目前主要移植的水生植物有：水浮莲、水葫芦、槐叶萍、水芹菜等浮水植物；芦苇、野茭白、慈姑、香蒲、藕等挺水植物；马来眼子菜、依乐藻、金鱼藻、苦草、聚藻等沉水植物。必要时还可在水底平铺少量稻草、芦苇等植物秸秆，也有利稚虾的蜕壳与躲藏。

水生和陆生植物可为小龙虾提供新鲜适口的植物性饵料，栖居、蜕皮的良好环境，虾塘内的淤泥又可为水生、陆生植物的生长提供丰富的营养物质。池塘养殖淡水小龙虾，栽培水草一般分三个层次。在池岸边或池中心土滩边栽培挺水植物，如菱、芦苇、茭白、慈姑和蒲草等；在池中间栽培沉水植物，如马来眼子菜、苦草、轮叶黑藻、菹草等；在水面上栽培漂浮植物，如浮萍和水葫芦等。

放入池中的水草一般占总水面的1/10。池埂上的杂草不必除去，可以起到固土、保护洞穴的作用。

①栽插法。这种方法一般在虾种放养之前进行，首先浅灌池水，将轮叶黑藻、伊乐藻等带茎水草切成小段，长度15～20厘米，然后像插秧一样，均匀地插入池底。池底淤泥较多，可直接栽插。若池底坚硬，可事先疏松底泥后栽插。

②抛入法。菱、睡莲等浮叶植物，可用软泥包紧后直接抛入池中使其根茎能生长在底泥中，叶能漂浮水面。每年的3月份前后，也可在渠底或水沟中，挖取苦草的球茎，带泥抛入水沟中。

③移栽法。茭白、慈姑等挺水植物应连根移栽。移栽时，应去掉伤叶及纤细劣质的秧苗，移栽位置可在池边的浅滩处，要求秧苗根部入水在10～20厘米。整个株数不能过多，每亩保持30～50棵即可，否则会大量占用水体，反而造成不良影响。

④培育法。对于浮萍等浮叶植物，可根据需要随时捞取，也可在池中用竹竿、草绳等隔一角落，进行培育。只要水中保持一定的肥度，它们都可良好生长。若水中肥度不大，可用少量用肥化水泼洒。水花生因生命力较强，应少量移栽，以补充其他水草之不足。

⑤播种法。近年来最为常用的水草是苦草。苦草的种植则采用播种法，对于有少量淤泥的池塘最为适合。播种时水位控制在15厘米，先将苦草籽用水浸泡1天，揉碎果实，将果实里细小的种子搓出来。然后加入约10倍于种子量的细沙壤土，与种子拌匀后播种。播种时将种子均匀撒开，播种量每公顷水面用量1千克(干重)。种子播种后需加强管理，提高苦草的成活率，成使之尽快形成优势种群。

2.成虾池的清整　池塘是小龙虾生活栖息的场所，池塘环境好坏直接影响到小龙虾的生长和健康。在放虾之前，要认真进行池塘修整，去除淤泥、平整池底，使养殖池塘具有良好的保水性能。虾塘经过一年的养殖，各种病原体通过不同的途径进入池中，再加上池里杂草丛生，塘底淤泥沉积过多，也会为病原体繁衍提供条件。因此，为预防虾病，必须坚持每年清塘消毒。目前，清塘消毒方法较多，主要有以下几种。

(1)常规清整。利用冬闲将存塘虾捕完，排干池水，挖去过多的淤泥，池底日晒1～15天，使池塘土壤表层疏松，改善通气条件，加速土壤中有机物质转化为营养盐类，同时还可达到消灭病虫害的目的。

(2)药物搞塘。常用的清塘药物有生石灰、漂白粉、茶饼等。其中采用生石灰、漂白粉清塘效果较佳。消毒是在亲虾或虾苗放养前10天左右进行，清塘消毒的目的是为彻底清除敌害生物如鲶鱼、泥鳅、乌鳢及与淡水小龙虾争食的鱼类如鲤、鲫、野杂鱼等，杀灭敌害生物及有害病原体，目前清塘消毒的主要方法如下。

①生石灰清塘：生石灰来源广泛，使用方法简单。待整修虾池后，选择晴天进行清塘消毒，一般10厘水深用生石灰50～75千克/亩，生石灰需现化，趁热全池泼洒。生石灰消毒的好处是既能提高水体pH值，又能增加水体钙的含量，有利于亲虾生长蜕皮。生石灰清塘7～10天后药效基本消失，此时即可放养亲虾(图4-5)。

②巴豆清塘：巴豆能消灭大部分敌害鱼类，但对寄生虫、致病微生物和水生昆虫等没有杀死效果，对池塘水质也没有较好的改良作用。一般用量为水深10厘米每亩用5～7.5千克。用法：先将巴豆磨碎成糊状，放进酒坛，加白酒100毫升，或食盐0.75千克，密封3～4天，使用时用水将处理后的巴豆稀释，连渣带汁全池泼洒。清塘后10～15天，池水回升到1米即可放养亲虾。

巴豆的毒性较大，在使用时一定要防止中毒。施用巴豆以后，注意沿池塘附近种植的蔬菜要经过5～7天后方可采食。注意不要将巴豆液洒在池埂边泥土上面，以防日后下雨时，雨水将含有毒素的泥土冲刷到虾池，引起龙虾中毒死亡。

图 4-5　生石灰清塘消毒方法

③漂白粉、漂白精清塘。漂白粉清塘的有效成分为次氯酸和氢氧化钙,次氯酸有强烈的杀菌作用。一般清塘用药量为:漂白粉 20 毫克/千克,漂白精 10 毫克/千克。使用时用水稀释全池泼洒,施药时应从上风向下风泼洒,以防药物伤眼及皮肤。药效残留期 5～7 天,以后即可放养亲虾。使用漂白粉应注意以下事项:a. 漂白粉在空气中极易挥发和潮解,使用前必须放在陶瓷器或木制器内密封,同时放在干燥处,以免失效。b. 装存和泼洒漂白粉,最好用陶制器或木制器,千万不能采用金属制器,避免药物腐蚀而导致药效降低。c. 使用漂白粉时,操作人员一定要佩戴口罩和橡皮手套,同时避免在上风处泼洒,以防中毒,并要防止衣服沾染药剂而被腐蚀。d. 茶粕清塘。茶粕是我国南方各地渔民普遍用来清塘的药物,其对鱼类有杀灭作用,但对甲壳类动物无害。用法:先将茶

粕敲碎，用水浸泡，水温25℃时浸泡24小时，使用时加水稀释全池泼洒，用量为每亩每米水深用35～45千克。清塘7～10天即可放亲虾。

除以上四种方法外，现在一些渔药生产厂家也生产了一些高效清塘药物，养殖单位及个人选择清塘药物要慎重选用有效安全的清塘方法。不论使用哪种清塘方法，都需选择天气晴朗时进行，这样药效快，杀菌力强，而且毒力消失也快，比较安全。

3. 注水施基肥　虾苗放养前5～7天保持池塘水深50厘米，水源要求水质清新，溶氧含量高在3毫克/升以上，pH 7～8，无污染，尤其不能含有溴氰菊酯类物质（如敌杀死等），小龙虾对溴氰菊酯类物质特别敏感，极低的浓度就会造成小龙虾的彻底死亡。进水前要认真仔细检查过滤设施是否牢固、破损。进水后，为了使虾苗一入池便可摄食到适口的优质天然饵料，提高虾苗的成活率，有必要施放一定量的基肥，培养水质及天然饵料生物。常用有机肥的用量为每亩150～300千克，可全池泼洒，亦可堆放池四周浅水边，以培育幼虾喜食的轮虫、枝角类、桡足类等浮游动物。有机肥在施放前发酵方法为：有机肥中加10%生石灰、5%磷肥，经充分搅拌后堆集，用土或塑料薄膜覆盖，经1周左右即可施用。此时水位较浅，随着水的加深，要逐步增加施肥量，具体要视水色而定。

（三）苗种放养技术

小龙虾苗种投放，与其他鱼类养殖投放苗种不同，它没有一个基本的时间概念。小龙虾春、秋季都有明显的产卵现象，不同时期繁育出来的虾苗，在与之配套的成虾养殖中饲养管理、饲养时间的长短、出售上市的时间、商品虾的个体规格和单位面积产量等方面也各不相同。因此，投放虾苗的数量，也应根据不同季节的养殖方法来灵活决定。亲本种虾个体较大，适应能力强，在运输和放养过程中相对易操作。幼虾苗个体小，体质较弱，其装运、放养等操作是一项细致的工作，才能提高运输成活率、放养成活率及培育成活率。

1.春季苗种放养技术　春季投苗养殖方法：当年投放当年收获，即4～6月份投放苗种，6～10月份捕捞上市，捕大留小，捕捞收获时间可达3～5个月。

(1)幼虾苗的质量要求。幼虾的规格要求整齐，通常在3厘米以上为宜，同一池塘放养的虾苗种规格没有要求，但要尽量一次放足。幼虾的体质要健壮，附肢齐全，无病无伤，生命力强。野生小龙虾幼虾苗，应经过一段时间的人工驯养后再放养。

(2)幼虾苗的运输。根据运输季节、天气、距离来选择运输工具、确定运输时间。短途运输可采用蟹苗箱或食品运输箱进行干法运输，即在蟹苗箱或食品运输箱中放置水草以保持湿度，蟹苗箱一般每箱可装亲虾2.5～5.0千克，食品运输箱每箱相对运输的数量要多，通常可在同一箱中放上2～3层，每箱能装运10～15千克。

(3)放养方法。放养时间选择晴天早晨或傍晚进行，避免阳光直射，放苗时要避免水温相差过大(不要超过2℃)。经过长途运输的苗种，在放苗前应让其充分吸水，排出头胸甲两侧内的空气，然后放养下池。具体做法是将虾苗或虾种及包装一起放入水中，让水淹没后提起，等2～3分钟再次放入水中，反复3～4次，再进行放养，放养时最好对虾苗或虾种用2%～3%的食盐水洗浴2～3分钟，以消毒杀菌，起到防病的作用。放养方法是采取多点分散放养，不可堆集，苗种放养一般放养在池堤的水位线边上，每个放养点要做好标记。放养第二天在各个放养点进行仔细检查，发现有死亡要捞出秤重、过数，并及时进行补充，补充的苗种规格要与原放养规格相一致。

(4)放养密度。虾苗放养密度主要取决于池塘条件、饵料供应、管理水平和产量指标4个方面。放养量要根据计划产量、成活率、估计成虾个体大小、平均重量来决定。一般放养量可采用下面公式来推算：

放养量(尾/亩)＝计划产量(千克/亩)×预计商品虾规格÷预计成活率

一般成活率按30%，商品虾25～30尾/千克计算。

通常主养塘口放养幼虾1.5万～2.0万尾/亩，混养池塘放养量为0.8万～1.0万尾/亩。

虾苗要求：规格相对整齐，苗体壮，活力强，对刺激反应灵敏；虾苗的耐干能力强，一般在有一定湿度的情况下，12小时后放回水中仍能成活。

2.秋季苗种放养技术　秋季投放虾苗养殖，当年不能收获，须待翌年继续喂养3～4个月后方可收获上市，商品虾上市规格在每只30克左右，上市时间在翌年的6～7月份。

(1)亲虾的收集。生产上一般在初秋季(9月初至10月初)就近从河流、湖泊等水质良好的大水体中采集性成熟的优质小龙虾作为亲本虾种。采捕的亲虾最好是从虾笼或抄虾网中捕获的小龙虾，这种选择方法能够保证小龙虾的质量。通常选择10月龄以上、体重30～50克，附肢齐全、体质健壮、无病无伤、躯体光滑、无附着物、活动能力强的个体，雌雄比例通常为，(1.2～1.5)：1。亲虾在放养前，要用福尔马林溶液浸浴亲虾，消除虾体上的附着生物后，才能移入亲虾池进行强化培育。

(2)亲虾的运输。亲虾运输一般用干运法，运输量大，运输成本低，操作方便，虾的运输成活率也高。运输工具为网隔箱或食品运输箱，网隔箱可用木架或钢架，形状为60厘米×80厘米×20厘米，底部用密网(孔径0.1厘米)封底，上面有网盖扣住，可在箱中先铺放水草，水草可用水花生或伊乐草等，然后放入亲虾5～10千克/箱，放好虾的箱一只一只地垒叠在车上，如运输距离较长，途中适当洒点水保持运输箱内虾的湿度，提高成活率。此法运输量大，对虾的伤害小，运输时间长可达 10 小时，成活率达 90%以上。

(四)池塘养殖技术

目前，在我国小龙虾池塘养殖主要有池塘主养，鱼虾混养，虾蟹混养等模式。

1. 池塘主养小龙虾模式　养殖小龙虾的池塘面积没有明确的要求，为便于生产管理通常以 5～10 亩为宜，水深 1～1.5 米，池中要有浅水区和深水区，池埂坡度较大(1∶3 以上)，池塘四周种植水草(占总水面的 1/5～1/3)。池水透明度一般保持在 30～40 厘米。有条件的可在池中设置微孔增氧设备。幼虾经饲养 2～3 个月就可捕捞上市，实行捕大留小、轮捕上市，池塘养殖淡水小龙虾通常产量能达到 100～200 千克/亩，有微孔增氧设备的池塘养殖产量可达 300～400 千克。其种苗放养可分为 2 种模式：

①投放种虾。8 月底至 10 月初每亩投放 20～30 千克经人工挑选的小龙虾亲虾，雌雄比例(2～1)∶1。水温低于 10℃时可不投喂饲料，整个冬季保持一定水位。翌年 4～5 月份如发现池塘中有大量幼虾活动，应加强投喂并及时将繁殖过的亲虾捕起上市。每天投喂 1～2 次饲料，饲料可用鱼糜、绞碎的螺蚌肉、豆浆或市售的虾类开口饲料，沿池边泼洒。

②投放幼虾模式。开春后 4～5 月份每亩投放 2～4 厘米的幼虾 1.5 万～2 万尾。初期水温较低，水深宜保持在 30～60 厘米，使水温尽快回升；气温较高时，应加高水位到 1 米以上。通过调节水位来控制水温，使水温保持在 20～30℃，最适水温在 26～28℃。夏季的高温时期，有条件的还可在池边搭棚或在水面移植水葫芦等遮阴。养殖前期每半个月加水 1 次，中后期，应每周加注新水，保持良好的水质和水色。

2. 池塘鱼虾混养模式　小龙虾与鱼种混养，是在池塘单养小龙虾的模式上，增投适当数量的鱼苗、鱼种。该模式小龙虾种苗的投放时间和数量与单养模式基本一致。鱼苗的放养是在虾种苗投放以后，即在4～5月份每亩投放水花鱼苗2万尾左右或夏花鱼种1万尾左右。鱼苗、鱼种的种类没有限制，小龙虾不能捕食活动正常的鱼苗和鱼种，而水花鱼苗和夏花鱼种对小龙虾生长也没有影响。这种养殖模式小龙虾养殖产量通常能达到150千克/亩左右。

3. 池塘虾蟹混养模式　养蟹的塘口相对浅滩较多，水草丰富，较适合于小龙虾自然生长和繁殖。以往小龙虾市场价格较低时，养蟹者总是想方设法清除池中的小龙虾。随着小龙虾价格的上涨和市场的热销，促使养殖者减少河蟹的放养量，以保护小龙虾生长、繁育。在养殖过程中，一般小龙虾的苗种投放量控制在1万～1.5万尾/亩，河蟹的放养量通常为300～400只/亩。此外还需适当投放鲢鱼、鳜鱼等品种。养殖产量：小龙虾产量50～150千克/亩，河蟹也可达到50千克/亩以上。

4. 淡水小龙虾种苗放养时注意事项

①经过长途干法运输后的小龙虾种苗，在放养时要注意让其充分吸水，排出头胸甲两侧鳃内的空气，然后放养下池。

②如装运虾苗的水温与池塘水温相差较大，则应用塘水调节水温，等基本相同后再下塘放养。

③小龙虾种苗放养时不要堆放在同一位置，要全池多点放养。

④小龙虾种苗放养时尽量不要在网箱中暂养，如要暂养，则暂养时间不能太长，一般只能在10个小时以内，并且在网箱内设置充气增氧设备。

⑤虾鱼混养池中，虾苗要先放养，15天后再放养鱼种。

(五)投饲管理

小龙虾杂食性，可以摄食植物的嫩叶、植物碎片、腐殖质碎屑、底栖藻类、丝状藻类、水生昆虫、陆生昆虫的幼体、环节动物、小杂鱼、贝类等。在自然条件下，小龙虾幼体主要摄食藻类、轮虫、水蚤、枝角类和桡足类等浮游生物；幼虾主要摄食底栖藻类、枝角类、桡足类、小型水生昆虫和有机碎屑等；成虾主要摄食植物碎片、有机碎屑、丝状藻类、固着硅藻、底栖小型无脊椎动物、水生昆虫和动物尸体等，尤其喜食螺蚌肉、贩则、蝇蛆、蚕蛹和小杂鱼等。

养殖小龙虾饲料的质量直接关系到小龙虾的体质和健康，对流行性和暴发性疾病的抵抗能力。养殖小龙虾想要获得发展并取得效益，必须有优质的饲料和合理的投喂方法。

1. 小龙虾的饲料种类　小龙虾的基础饵料主要可以分为动物性饵料、植物性饵料、微生物饵料三大类。人工配合饲料则是在这三大类的基础饵料上经过加工而成。这三类的存在形式上并不是截然分开的，例如，部分微生物、低等藻类和一些离散氨基酸就可能和水体中的腐屑共同成团粒状存在，成为小龙虾的辅助饵料来源。就动物性饵料和植物性饵料对比而言，动物性饵料优于植物性饵料，是小龙虾偏爱的饵料。水生动物性饵料又优于陆生动物性饵料。动物性饵料中，活饵的效果又最适于小龙虾的生长，养殖效果最好。

(1)动物性饵料。动物性饵料包括在虾塘中自然生长的种类和人工投喂的种类。虾塘中自然生长的种类有微小浮游动物、桡足类、枝角类、线虫类、螺类、蚌、蚯蚓等。人工投喂的包括小杂鱼粗加工品、鱼粉、虾粉、螺粉、蚕蛹和各类动物性饵料。

螺蛳的含肉率为22%～25%，蚬类的含肉率为20%左右，是小龙虾喜食的动物性饵料。这些动物可以在池塘培养直接供虾类捕食，也可以人工投喂，饲喂效果良好。

鱼粉、蚕蛹是优秀的动物性干性蛋白源，特别是鱼粉，产量大，来源渠道广，是各类虾人工配合饲料中不可缺少的主要成分。从氨基酸组成成分来说，虾粉要优于鱼粉，是最好的干性蛋白源。

蚕蛹是传统的虾类饲料。据测定，鲜蚕蛹含蛋白质17.1%，脂肪9.2%，营养价值很高。

动物性油脂，由于含有大量脂溶性维生素，也是虾类生长和生殖中重要的饵料。

(2)植物性饵料。植物性饵料包括浮游植物、水生植物的幼嫩部分、浮萍、谷类、豆饼、米糠、花生饼、豆粉、麦麸、菜饼、棉籽饼等。在植物性饵料中，豆类是优秀的植物蛋白源，特别是大豆，粗蛋白质含量高达干物质的38%～48%，豆饼中的可消化蛋白质含量也的达到40%左右。谷物最好经发芽后投喂。麦芽中含有大量的维生素，对小龙虾虾的生长十分有利，维生素E对促进性腺发育有一定的作用。菜籽饼、棉籽饼、糠类、麸类都是优良的蛋白质补充饲料，适当的配比有利于降低养殖成本。小龙虾可以有效取食消化一些天然植物的可食部分，并对生理机能产生促进作用。

(3)微生物饵料。微生物饵料可以划入动物性饵料中，主要是酵母类。各类酵母含有很高的蛋白质、维生素和多种虾类必需氨基酸，特别是赖氨酸、维生素B、维生素D等含量较高，可以在配合饲料中适量使用，比较常见适用的有啤酒酵母等。

目前在饲料开发中日益显得重要的微生态制剂，也叫益生素、生菌剂，是指由一种或多种有益微生物及其代谢产物构成，可直接用于动物饲养的活菌制剂，通过改善动物消化道菌群平衡而对动物产生有益作用的微生物饲料添加剂。微生态制剂是近几年才兴起的一种新型饲料添加剂，目前在水产养殖中已广泛地试用。微生态制剂以菌治菌，不存在抗生素等药物添加剂的药物残留和产生耐药性等不良副作用，也没有其他毒副作用，不污染环境，是一种环保、安全和绿色的饲料添加剂，是未来饲料添加剂的目标和发展方向。随着抗生素等药物添加剂逐步被限用和禁用，微生态制剂是替代抗生素的一种较理想的饲料添加剂，有着较好的应用前景和市场潜力。

(4)人工配合饲料。人工配合饲料是将动物性饵料和植物性饵料按照小龙虾的营养需求，确定比较合适的配方，再根据配方混合加工而成的饲料，其中还可根据需要适当添加一些矿物质、维生素和防病药物，并根据小龙虾的不同发育阶段和个体大小制成不同大小的颗粒。在饲料加工工艺中，必须注意到小龙虾是咀嚼型口器，不同于鱼类吞食型口器，因此配合饲料要有一定的黏性，制成条状或片状，以便于小龙虾摄食，通常小龙虾配合饲料水中溶解时间要求在5个小时以上。

小龙虾配合饲料基本上为颗料配合饲料，主要由鱼粉、豆粕、糠麸、维生素、微量元素、诱食剂、黏结剂等组成。养殖生产中要求颗粒饵料在泡水后能保持2小时以上不散开，长度5～12毫米，直径1～3毫米为宜。小龙虾人工配合饲料配方：稚虾饲料蛋白质含量要求达到30%以上，成虾的饲料蛋白质含量要求达到20%以上。

稚虾饲料粗蛋白含量37.4%，各种原料配比为：秘鲁鱼粉20%，发酵血粉13%，豆饼22%，棉仁饼15%，次粉11%，玉米粉9.6%，骨粉3%，酵母粉2%，多种维生素预混料1.3%，蜕壳素0.1%，淀粉3%。

成虾饲料粗蛋白含量30.1%，配比为：秘鲁鱼粉5%，发酵血粉10%，豆饼30%，棉仁饼10%，次粉25%，玉米粉10%，骨粉5%，酵母粉2%，多种维生素预混料1.3%，蜕壳素0.1%，淀粉1.6%。其中豆饼、棉仁饼、次粉、玉米等在预混前再次粉碎，制粒后经两天以上晾干，以防饲料变质。两种饲料配方中，另加占总量0.6%的水产饲料黏合剂，以增加饲料耐水时间。

养殖生产上为降低养殖成本，应多途径、因地制宜地解决小龙虾饲料。可投喂小龙虾的动物性饲料有：小杂鱼、小虾、螺蚌肉、各种动物尸体、肉类加工厂的下脚料、蚕蛹、人工培育的鲜活饵料生物等。植物性饲料有：豆饼、豆渣、菜籽饼、花生饼、玉米、大麦、小麦、麸皮、马铃薯、山芋、南瓜、西瓜皮、各种蔬菜嫩叶、陆草、水草等。

2.饲料的保存　加工制粒后的饲料要正确保管，否则容易发生霉变。轻度霉变的饲料，会使小龙虾生长速度减慢，食量下降，消化率降低。严重霉变的饲料，会造成小龙虾中毒，甚至于死亡。对于采购的饲料，一定要检验是否经过霉变，一般通过闻气味、看颜色、看是否有结团现象、加热后辨别气味以及在显微镜下观察的办法来确定。对自制的饲料，需保管好，控制引起霉变的途径，勤于检查，发现问题及时解决，才能保证饲料的保存质量。

防止贮存饲料霉变，首先要注意贮存场所的通风条件，通风必须良好。小龙虾养殖场一般相对湿度较高，所以特别要注意饲料在梅雨季节的贮存，避免相对湿度超过75%的贮存环境。一般环境下贮存也不要超过1周，最好随买随用，随制随用。对于配方中鱼粉和发酵血粉含量较多的饲料尤其要注意贮存条件。饲料编织袋中如果没有隔层塑料薄膜，贮存时不要和地面及墙壁直接接触。自制饲料每次制造量不要太多。

小龙虾饲料可以添加防腐剂，最好使用延胡索酸及酯类，因为这类防腐剂受酸碱度影响小，抗菌谱广，抗菌作用也强，能够有效地抑制微生物的生长和繁殖。但相对来说，延胡索酸抑菌周期较短，如果是饲料厂家，就要选用二丙酸铵之类作为防腐剂，抑菌周期可达1个月左右。更要注意的是，虾类饲料中的添加剂和高蛋白质，会降低防腐剂的作用，这些物质会在不同程度上将自由酸转化为相应的盐类，而脂肪类物质会强化有机酸的活性，保持其抑菌效果，为此，饲料配方中的脂肪比例一定要适宜。

3.饲料的合理搭配　小龙虾喜欢摄食动物性饵料，但动物性饵料投喂比例高了会增加养虾成本；而主要投喂植物性饵料，则直接影响小龙虾的摄食和生长发育。因此，保持一定比例的优质动物性饲料，合理搭配投喂植物性饲料，对于促进小龙虾的正常生长是至关重要的。

根据养殖经验，全年安排小龙虾饲料，一般动物性饲料占30％～40％，谷料占60％～70％较为适宜（水草类不计算在内），基本能满足小龙虾的生长需要。“精”、“粗”、“青”相结合的饲料搭配投喂方法，不同季节侧重点有所不同。开食的3～4月份，小龙虾摄食能力与强度较弱，以投喂动物性饲料为主；6～8月份水温高，青饲料成长起来，可多喂些青料；9～10月份小龙虾大量进入交配产卵期，同时开始大批掘穴越冬，要适当多喂些动物性饲料。

4.饲料的投喂方法　一般每天投喂2次饲料，投饲时间分别在上午7～9时和下午5～6时。春季和晚秋水温较低时，可一天投喂一次，安排在下午3～4时。小龙虾有晚上摄食的习性，日喂2次应以傍晚为主，下午投饲量占全天的60％～70％。

日投饲量主要依据存塘虾量来确定。5～10月份是小龙虾正常生长季节，每天投饲量可占体重的5％左右，且需根据天气、水温变化，小龙虾摄食情况有所增减，水温低时少喂，水温高时多喂。3～4月份水温10℃以上小龙虾刚开食阶段和10月份以后水温降到15℃左右时，小龙虾摄食量不大，每天可按体重1％～3％投喂。一般以傍晚投喂的饲料第二天早上吃完为宜。天气闷热、阴雨连绵或水质恶化、溶氧量下降时，小龙虾摄食量也会下降，可少喂或不喂。

饲料投喂地点，应多投在岸边浅水处虾穴附近，也可少量投喂在水位线附近的浅滩上。每亩最好设4～6处固定投饲台，投喂时多投在点上，少分散在水中。实行定点投喂，点、线、面结合，以点为主。小龙虾有一定的避强光习性，强光下出来摄食的较少，应将饲料投放在光线相对较弱的地方，如傍晚将饲料大部分放置在池塘西岸，上午将饲料多投在池塘东岸，可提高饲料的利用率。

(六)养成管理

1. 水质管理　小龙虾养殖池塘经过一段时间的投饵、施肥后，水质变浓，透明度降低，甚至偏酸性，长时间处于低氧和水质过肥或恶化的环境中会影响小龙虾的蜕壳速率。小龙虾在不良的水质中摄食下降，甚至停止摄食，因而影响其生长。不良的水质能使寄生虫、细菌等有害生物大量繁殖，导致疾病的发生和蔓延，水质严重不良时，还会造成死亡，致使养虾失败。因此，按照季节变化及水温、水质状况及时进行调整，适时加水、换水、施追肥，做到“肥、活、嫩、爽”，使池水经常保持充足的氧气和丰富的浮游生物，营造一个良好的水质环境。

(1)水位控制：小龙虾的养殖水位根据水温的变化而定，掌握“春浅、夏满”的原则。春季一般保持在 0.6～1 米，浅水有利于水草的生长、螺蛳的繁育和幼虾的蜕壳生长。夏季水温较高时，水深控制在 1～1.5 米，有利于淡水小龙虾度过高温季节。

(2)溶氧：水中溶氧量是影响龙虾生长的一个重要因素。溶氧充足，水质清新，有利于虾的生长和饲料的利用；低溶氧量条件下，生理产生不适，摄食量和消化率都低，并且呼吸作用加强，消耗能量较多，生长慢，饲料转换率也低。生产过程中，遇见恶劣天气及水质严重变坏时，应及时更换新水和充氧。

一般养虾池水的溶氧量保持在 3～4 毫克/升以上，对小龙虾的生长发育较为适宜。一旦溶氧量低于 2 毫克/升，将会引起小龙虾缺氧浮头，浮头的小龙虾会出现大量上岸或爬到水草上侧卧在上面，一边在水中，另一边暴露在空气中，经历过缺氧的养殖虾通常会出现虾壳变厚、颜色变深、生长缓慢等现象，也就是通常所说的“老头虾”。防止龙虾缺氧的有效方法是降低养殖密度、增加增氧设备、换水或定期加注新水。换水原则是蜕壳高峰期不换水，雨后不换水，水质较差时勤换水。一般每 7 天换水 1 次；高温季节每 2～3 天换水 1 次。换水量为池水的 20%～30%。有条件的还可以定期地向水体中泼洒一定量的光合细菌、硝化细菌之类的生物制剂调节水体。

(3)调节 pH 值:每半个月泼洒 1 次生石灰水,用量为 1 米水深时,每亩 10 千克,使池水 pH 值保持在 7.5～8.5;同时可增加水体钙离子浓度,促进淡水小龙虾蜕壳生长。

实际生产中发现水质败坏,且出现淡水小龙虾上岸、攀爬、甚至死亡等现象,必须尽快采取措施,改善水环境。具体方法:

①先换部分老水,用溴氯海因 0.3×10^{-6} 对水体进行泼洒消毒后加注新水。

②第二天用沸石粉 20×10^{-6}、益水宝(苦草芽孢杆菌)0.4×10^{-6} 泼洒。

③以后每隔 5 天左右,定期向水体中泼洒微生态制剂。利用有益菌制剂,形成优势菌群来抑制致病微生物的种群数量、生长、繁殖和危害程度,并分解水中有害物,增加溶氧,改善水质。如施用光合细菌、硝化细菌、蛭弧菌、芽孢杆菌、双歧杆菌、酵母菌等,均能起到上述作用。

2. 日常管理

(1)保持一定的水草。水草对于改善和稳定水质有积极作用。飘浮植物水葫芦、水浮莲、水花生等最好拦在一起,成捆、成片,平时可作为小龙虾的栖息场所,软壳虾躲在草丛中可免遭伤害,在夏季成片的水草可起到遮阴降温作用。

(2)早晚坚持巡塘。观察小龙虾摄食情况,及时调整投饲量,清除残饵,对食台定期进行消毒,以免引起小龙虾生病。工作人员应早晚巡塘,注意水质变化和测定,并做好详细的记录;发现问题及时采取措施。

①水温。每天早晨 4～5 时,下午 2～3 时各测气温、水温 1 次。测水温应使用表面水温表,要定点、定深度。一般是测定虾池平均水深 30 厘米的水温。在池中还要设置最高、最低温度计,可

以记录某一段时间内池中的最高和最低温度。

②透明度。池水的透明度可反映水中悬浮物的多少，包括浮游生物、有机碎屑、淤泥和其他物质，它与小龙虾的生长、成活率、饵料生物的繁殖及高等水生植物的生长有直接的关系，是虾类养殖期间重点控制的因素。测量透明度简单的方法是使用沙氏盘（透明度板）。透明度每天下午测定一次，一般养虾塘的透明度保持在 30～40 厘米为宜，透明度过小，表明池水混浊度较高，水太肥，需要注换新水；透明度过大，表明水太瘦，需要追施肥料。

③溶解氧。每天黎明前和下午 2～3 时，各测一次溶解氧，以掌握虾池中溶氧变化的动态。溶解氧测定可用比色法或测溶氧仪测定，池中水的溶解氧含量应保持在 3 毫克/升以上。

④不定期测定 pH 值、氨氮、亚硝酸盐、硫化氢等。养虾池塘要求 pH 值 7.0～8.5，氨氮控制在 0.6 毫克/升以下，亚硝酸盐在 0.01 毫克/升。

⑤生长情况的测定。每周或 10 天测量虾体长一次，每次测量不少于 30 尾，在池中分多处采样。测量工作要避开中午的高温期，以早晨或傍晚最好，同时观察虾胃的饱满度，调节饲料的投喂量。

(3)定期检查、维修防逃设施，遇到大风、暴雨天气更要注意，以防小龙虾逃逸发生。

(4)严防敌害生物危害。有的养虾池鼠害严重，一只老鼠一夜可吃掉上百只小龙虾，鱼鸟和水蛇对小龙虾也有威胁。采取人力驱赶、工具捕捉、药物毒杀等方法彻底消灭老鼠，驱赶鱼鸟和水蛇。

(5)防治病害。小龙虾在池塘中由于密度较高，水质易恶化而导致生病，要注意观察小龙虾活动情况，发现异常如不摄食、不活动、附肢腐烂、体表有污物等，可能是患了某种疾病，要抓紧做出诊断，迅速施药治疗，减少小龙虾死亡。

(6)塘口记录。每个养殖塘口必须建立塘口记录档案，记录要详细，由专人负责，以便经验的总结。

二、稻田养殖

稻田饲养小龙虾，是利用稻田的浅水环境，辅以人为措施，既种稻又养虾，提高稻田单位面积生产效益的一种生产形式。早在20世纪60年代，美国就开始在稻田养殖小龙虾。我国的稻田养殖小龙虾是近几年才兴起的，发展相当迅速。稻田里水质清新，水中溶氧量较高，光线弱，动、植物饵料丰富，为小龙虾提供良好的栖息、蜕皮和生长环境；小龙虾在稻田中摄食杂草、水生昆虫、浮游生物和水稻害虫，有效地减少了稻田肥力的损失，同时小龙虾排泄的粪便又促进了水稻生长。发展稻田养虾不仅不会影响水稻产量，还会促进水稻产量，养虾的稻田一般可增加水稻产量5%～10%，较高的增产14%～24%，具有投资少、见效快、收益大等优点，可有效利用我国农村土地资源和人力资源，值得推广的一项农村养殖方式。

（一）养殖稻田的选择与工程建设

1. 稻田的选择　稻田养殖小龙虾，应选择水源充足、水质优良、排灌方便、抗旱防涝的稻田。要求田埂不渗漏，保水性能好，底土肥沃不淤。有条件的地方，应集中连片开发，统一规划，统一改造。此外，还要求交通便利，便于饲料运输和饲养管理。稻田养虾应具备下列基本条件：

(1)水源与水质条件。水源充沛、水质良好无污染、排灌方便、雨季不淹、旱季不涸。平原地区稻田一般水源较好，排灌系统也较完善，抗洪抗旱能力强；丘陵山区水利条件较差的地方，如果大雨时不淹没田埂、干旱时能有水的稻田也适宜水产养殖。水质pH值在6.8～8.2，呈中性或弱碱性，一般河、湖、塘、库的水都可用；有些山溪、泉水的水温较低，但提高水温后引入稻田，也可利用。有毒的工业废水切忌引灌，城市、乡镇生活污水成分复杂，使用时要谨慎,应先做好调查和测定。

(2)土壤与环境条件。养殖稻田,最好选择保水能力强、肥力高的壤土或黏土的田块。沙土保肥保水能力差,肥料流失快,土壤贫瘠,田间饵料生物少,养殖效果差。所以高度熟化、高肥力、灌水后能起浆、干涸后不板结、保水保肥的稻田最理想。田底要求肥沃不淤,田埂坚固结实、不漏水,田块周边环境安静。此外,养殖淡水小龙虾的稻田四周应开阔向阳,光照充足,还要求灌溉容易,沟渠道达、交通便利,通水、通电、通路。

(3)面积条件。养殖小龙虾的稻田面积,大小不限、小可1～3亩,大可十几亩。根据各地不同的地理状况,统一规划为3～5亩为好,以利于统一供种,排灌,施肥和防病治病。

(4)地势条件。养殖小龙虾的稻田,最好选择高中之低,低中之最的田块,以利于管水、调控水体温差和小龙虾越冬。

2.养殖稻田的基本工程建设　稻田养殖小龙虾是将种稻和虾有机地结合在同一块稻田中的立体利用方式。养殖稻田在改造和建设时,既要考虑水稻的正常栽培,又要考虑有利小龙虾的正常生长;既能满灌全排,又能保持一定的载虾水体,并有防止小龙虾逃逸的围栏设施,做到稻虾互利。大面积的稻田养虾区,对水利设施要求较高,要具备必要的水源、灌排渠道和涵闸等水利设施,做到灌得进、排得出、降得快、避旱涝。最好要求每块稻田能独立门户,排灌分开,自成系统。不串灌,做到排灌自如,不相互干扰,确保稻虾正常生长。具体的改造和建设工作有如下五个方面。

(1)田埂或堤坝的改造与建设。小龙虾冬、夏两季有穴居的习性,所以要求养殖稻田的田埂坚固结实,不垮不漏,遇到大雨不容易淹没或冲塌,不使田水溢出造成养殖虾逃逸;还要防止小龙虾打洞而造成垮塌。因此,对选定养殖小龙虾的稻田,田埂应在冬季结合稻田的改造进行加高加固。埂高一般高出水田平面50～70厘米,宽为50厘米以上,田埂基部加宽到1～1.5米。田埂加宽加高之后，要夯实压牢，保田埂不漏水。对于田边用作关水的老堤坝，应铲除杂草、灭鼠堵洞。田埂的两侧及埂面可种植一些草、瓜、豆等作物护坡。

(2)开挖虾沟。虾沟是小龙虾栖息、觅食、生长的主要场所，是在水稻浅灌、晒田、施肥、撒农药时的栖息、躲避场所。通常由环边沟、田间沟及暂养池三部分构成。虾沟的建设主要有 2 种类型。

①环沟边式：沿田埂内侧四周开挖宽 2～5 米，深 70～100 厘米的环形沟。再在田间开挖 3～5 条田间沟。田间沟宽 1～2 米，深 60 厘米，并与环沟相通。田间沟可挖成“十”字形、“井”字形或“田”字形，主要供小龙虾爬入田间觅食、蜕壳，并增加养殖空间。也可不挖田间沟，小龙虾直接从环形沟进入稻田。环形沟、田间沟可占整个稻田面积的 15％～20％(图 4-6，图 4-7)。

图 4-6　“井”字形沟

图 4-7　“十”字形沟

②沟池式：沿稻田四周内侧开挖宽 2～5 米、深 70～100 厘米的环形沟。再在田的一侧利用环形沟加大加深，建成方形池。池的长、宽各 15～20 米，深 1.0 米以上。方形池主要用来冬季暂养

小龙虾亲本，春季培育幼虾。沟池的面积可占稻田总面积的10%～15%（图4-8）。

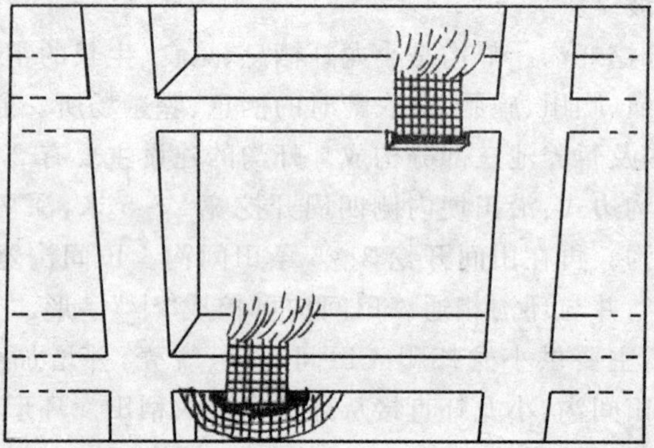

图 4-8 水口设置

虾沟的开挖，要因地制宜，一般结合冬季农田整倍进行。挖出的肥沃表层土可散布于四周田面或加高垄面，底层较硬的泥土则可加高田埂。

（3）进、排水系建设。养虾稻田的进、排设施应结合开挖虾沟来综合考虑，开挖进排水沟渠应与虾沟结合开挖利用。对于外界的蓄水沟或排水沟的开挖修筑，要做到要水即灌，换水即排。稻田的进、排水口一般设在稻田两边的斜对角（图4-9），以利于稻田进、排水畅通，避免死角。进、排水口的宽度要视田块大小，进、排水量而定，一般进水口宽为30～50厘米，排水口为50～80厘米。进、排水口与宽沟或虾凼直接相通时，底面应高出沟或凼面10厘米。流水沟式稻田，进水口开在坑沟首端，宽15厘米，底尽量高出田面；出水口开在坑沟尾端，宽30厘米，底比田面高出6～10厘米。遭遇大雨或需排除田水时，也可另开大田出水口，并设置栅栏，排后及时堵上。面积较大的稻田，应多开几个进、排水口。

进、排水口安装用竹篾、树枝、柳条等编成的拦虾栅，呈弧形插入泥中。

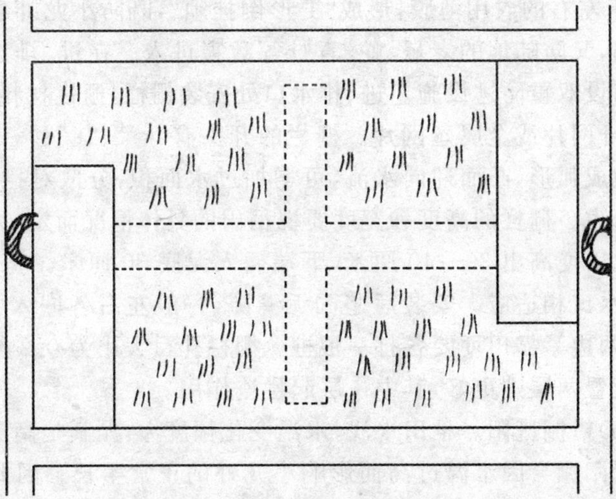

图 4-9　沟池式

丘陵山区的正冲田，由于成片宽阔，集雨面大，易于蓄水，可开展稻田养殖。但如果不设计排灌设备，一遇洪水即遭冲刷而使养殖失败，且串灌串排，对水稻生长和小龙虾的产量提高均为不利。必须修建公共排灌设施，使各田埠都从水沟单独进水，然后分别排入排水沟，使淡水小龙虾在相对稳定的水体中生活。

具体的做法是，在正冲田的一边按最大洪水量设计开挖防洪沟，一般情况下，沟宽 1～1.2 米、深 1.2～1.5 米，较大的正冲田可视进水量因地制宜加宽、加深防洪沟。应低于正冲田泥面 20～30 厘米，沟堤高出正冲田埂面，使洪水不溢入田内。

(4)防逃设施。为防止小龙虾的逃逸以及有利于田水的排灌，田埂四周用塑料薄膜或钙塑板建防逃墙，最好再用塑料网布覆盖田埂内坡，下部埋入土中20～30厘米，上部高出田埂70～80厘米；每隔1.5米用木桩或竹竿支撑固定，网片上部内侧缝上宽度30厘米左右的农用薄膜，形成“T形倒挂须”，既防小龙虾攀爬、打洞外逃，又防陆地的老鼠、蛇、青蛙等敌害进入。在进、排水口处，还应布设双重防逃设施。进、排水口处安装栅栏，栅栏材料可用竹箔、化纤网片或金属丝网片。栅栏的开头有“︵”、“〔”、“—”形等。栅栏做成弧形，凸面迎向水流，可增加过水面积，分散对拦鱼设备的冲击力。栅栏的高度和宽度要视稻田的具体情况而定。一般上端需比田埂高出30～40厘米，下端插入泥底30厘米。宽度要与进、排水口相适应。安装后坚固无缝隙，一般左右各嵌入泥中20厘米，两边紧靠田埂要各打一根桩。栅栏孔目大小为0.2厘米；栅栏如设置两层则更好，其中一层起拦渣作用。

(5)搭棚遮阳。稻田水浅，水温变化幅度大，尤其是高温季节，不设遮阳棚会因水温过高而影响小龙虾的正常生长。因此，可在朝西一端的虾沟、虾溜上搭设凉棚或栽种有藤瓜豆。

(二)虾苗放养前准备

稻田里养殖小龙虾在投放虾苗前应做好下列准备工作：

1.清沟消毒　选作养虾的稻田，应在4月底至5月初进行清沟消毒工作。清理环形虾沟和田间沟中的浮土，修正垮塌的沟壁。每亩稻田的养虾沟用生石灰50～75千克对水化开全池泼洒。也可用漂白粉，每亩用量7.5千克带水泼洒，以杀灭野杂鱼类、敌害生物和病原菌等有害生物。待毒性消失后，即可进水。进水口要用密眼网封好，密眼网网袋长度最好在1.5米左右，以防网被水冲坏，导致野杂鱼进入。

2.适时整田与合理施肥　用作养殖小龙虾的稻田，应在5月上旬整田，耕整方法可采用传统的耕作方式，也可以采用现代化的机械耕整。稻田整好后，要合理施肥，施肥时对稻田和虾沟应采用两种不同的方法。放苗前7～10天，田沟中注水50～80厘米，然后施肥培育饵料生物。一般每亩施复合肥 50 千克，碳酸氢铵 59 千克；农家肥肥效慢，肥效长，施用后对小龙虾的生长无影响，还可以减少日后施用化肥的次数和数量，因此，有农家肥的最好施有机肥，每亩施有机肥 1 000～2 000 千克，一次施足。

3. 在虾沟内投放行益生物　养殖小龙虾的稻田，可在虾沟内投放一些有益生物，如水蚯蚓、田螺和蚌等，有利于增加水体中的活饵和利用有益生物净化水质。

4. 移栽水生植物　小龙虾喜欢栖息水草丛中，在虾种放养前移栽好水生植物，为虾种或虾苗下沟提供一个良好的活动、栖息和防御敌害的生长环境。虾沟内可适量栽植轮叶黑藻、马来眼子菜等水生植物，或在沟边种植蕹菜、水葫芦等。但要控制水草的面积，一般水草占渠道面积的 30%～50%，以零星分布为好，不要聚集在一起，以免影响小龙虾的正常的觅食和活动，同时还利于渠道内水流畅通无阻塞，能及时对稻田进行灌溉。

（三）虾苗放养

1. 虾苗放养方式　小龙虾苗种在放养时要进行试水，试水安全后，才能投放虾种苗。小龙虾在稻田中饲养时，放养方法有几种：一是在 8～9 月份将小龙虾的亲虾直接放养在稻田虾沟内，让其自行繁殖，第二年进行稻田养殖小龙虾，通常每亩放养规格为 20～40 只/千克的小龙虾亲虾 20～35 千克，亲虾繁殖孵化出来的幼虾能直接摄食稻田水中的浮游生物，可有效提高小龙虾幼虾的成活率。二是直接从市场收购或人工繁育的小龙虾幼虾进行放养，一般规格为每千克 250～600 只，每亩放养 1.5 万～2 万只，放养时间为 5 月份水稻栽秧后 5～7 天，待秧苗返青时投放苗种。

2. 虾苗放养注意事项　小龙虾在放养时，要注意虾苗虾种质量，同一田块放养同一规格的虾苗虾种，放养时一次放足。小龙虾在放养时，个体都有不同程度的体表损伤，因此放养之前要进行虾体消毒，可以用浓度为 3%左右的食盐对虾苗虾种进行浸洗消毒，浸洗时间应根据当时的天气、气温及虾体本身的忍受程度灵活确定，一般 5～6 月份放养的虾种消毒时间宜控制在 3～5 分钟为宜。从外地购进的虾种，采用干法运输时，因离水时间较长，有些虾甚至出现昏迷现象，放养前应将虾种在田水内浸泡 1 分钟，提起搁置 2～3 分钟，再浸泡 1 分钟，如此反复 2～3 次，让虾种体表和鳃腔吸足水分后再放养，可有效提高虾苗的成活率。

投放虾苗时要注意以下三点：

①选择在早晚或明雨天投苗，以免虾苗发生温差危害；

②沿虾沟均匀取点投放，以免虾苗过于集中，导致局部水体严重缺氧而引发虾苗窒息死亡；

③不宜在阳光强烈和高温时投放虾苗。

(四)小龙虾的饲养管理

稻田养殖小龙虾的饲养管理包括饵料投喂、水质调控、日常管理、病敌害防治以及防逃防偷等。

1. 饲料投喂　小龙虾杂食性，尤喜食动物性饲料，且贪食。小龙虾饲料的组合与统筹上，应坚持“荤素搭配，精粗结合”的原则，在充分利用稻田天然饵料的同时，还应多渠道开辟人工饵料来源，实行科学投饲，使小龙虾吃饱吃好，促进生长，增大商品规格。具体应掌握以下三个方面。

(1)充分利用稻田中的光、热、水、气等资源优势，搞好天然饵料的培育与利用。采取施足基肥、适量追肥等办法，培养大批枝角类、桡足类等大型浮游生物以及底栖生物、杂草嫩芽等。同时，4～5 月份还应在每亩稻田中增投 200～400 千克螺蛳等，为虾苗虾种提供优质适口天然饵料。

(2)按照不同季节和小龙虾的不同生长发育阶段，搞好饵料组合。4～5 月份，虾苗虾种在放养时，气温、水温偏低，小龙虾个体较小，捕食能力还不强，此时饲料的投喂应以精料为主，并采取少量多次的投饵方法。饵料的主要种类应为小鱼、小虾或豆饼、小麦、玉米等商品饲料，也可用幼虾配合饲料。7～9 月份是小龙虾摄食的高峰，也是增加体重的生长旺季，饲料的投喂则可以青料为主，适量搭配一些动物性饲料。此时应多喂水草、南瓜、山芋等青绿饲料，辅以小杂鱼、螺蛳等动物性饲料。小龙虾蜕壳时，要酌情多投喂些动物饲料或优质商品饲料，如：选择投喂麦麸、米糠、菜籽饼、豆渣、大豆、螺肉、蚌肉、鱼肉等；在虾硬壳阶段，要增投菜叶、嫩草等青饲料。10 月份则是小龙虾准备产卵越冬的季节，体内需要积累大量营养物质，饲料的投喂又应以精料为主。

(3)根据小龙虾昼伏夜出的生活规律，实行科学投饲。饲料的投喂方法应坚持定质、定量、定时，多点投喂，喂均匀，使所有的小龙虾都能吃到，促进均衡生长。饲料要求新鲜、适口、营养全面，腐败变质的饵料不用，以免影响水质。

①均匀投喂：给稻田里小龙虾投食时，将食物均匀投放在虾沟内，或虾沟边沿，以利于虾集中觅食，养成习惯，避免满田投撒饲料造成不必要的浪费。

②足量投喂：一般日投饲量为存虾体重的 5%～8%，日投饵 2 次。具体日投饵量应根据当天的天气、水质、水温、小龙虾所处的生长发育时期以及龙虾的摄食状况灵活掌握，及时调整。一般来说，如在投饵后 1～2 小时全部吃完，表示投饵适量；如在投饵后半个小时之内吃完饵料，则可增加投饵量；如在投饵 2 小时后还未吃完，就要减少投饵量。龙虾在蜕皮期间不摄食，因此，在清晨巡查时若发现有大量龙虾蜕皮，要适当减少当天投饵量。

③分次投喂：饲料的投喂应以傍晚一次为主，一般傍晚投喂量应占全天投喂量的 60%～70%。

2. 水质调控　稻田养殖小龙虾，水质管理十分重要，结合稻田生产合理管水，保持水质清新，放养密度不宜过高，藻类饲料也不宜投得过多，以防田水缺氧。若出现缺氧情况，应马上补充新鲜水，增加田中氧气。定期换水，使虾沟内的水保持清新。因而在水质的管理上，要把握好以下三个方面。

(1)根据季节变化来调整水位。5～6月份虾苗虾种放养之初，为提高水温，虾沟内水深与大田持平；7月份水稻栽插返青至拔节前，田面保持3～5厘米水深，让小龙虾进入稻田觅食；8月份水稻拔节后，可将水位提到最大，水稻收割前再将水位逐步降低直到田面露出，准备收割水稻。

(2)根据天气、水质变化来调整水位。小龙虾生长要求池水的溶氧充足，水质清新。为达到这个要求，要坚持定期换水。通常5～6月份，每10～15天换1次水，每次换水1/5～1/4；7～9月份高温季节，每周换水1～2次，每次换水1/3；10月份以后每15～20天换1次，每次换水1/4～1/3。平时还要加强观测，水位过浅要及时加水，水质过浓要换新鲜水。换水时，水位要保持相对稳定，可采取边排边灌的方法。换水时间通常宜选在10～11时，待河水水温与稻田水温基本接近时再进行，温差不宜过大。

(3)根据水稻晒田、治虫要求来调控水位。水稻生长中期，为使空气进入土壤，阳光照射田面，增强根系活力，同时为杀菌增温，需进行烤田。通常养虾的稻田采取轻烤的办法，将水位降至田面露出水面即可。烤田时间要短，烤田结束随即将水加至原来的水位。水稻生长过程中需要喷药治虫，喷洒农药后也要根据需要更换新鲜水，从而为水稻、小龙虾的生长提供一个良好的生态环境。

3. 日常管理

(1)搞好水草移植。虾苗虾种放养前为了增加小龙虾适口的植物性饵料，营造良好的栖息、蜕壳场所，移栽了大量水草并及时补栽，使养虾沟、虾池中始终有丰盛的水草。

(2)建立岗位管理责任制。实行专人值班，坚持每天早晚各巡田1次，严格执行以“四查”为主要内容的管理责任制。一查水位水质变化情况，定期测量水温、溶氧、pH值等；二查淡水小龙虾活动摄食情况；三查防逃设施完好程度；四查病敌害侵袭情况。发现问题立即采取相应的技术措施，并做好值班日记。

(3)及时清残。及时清理小龙虾吃剩的饵料，以免残食在水体中长期浸泡，变酸、发臭和腐败影响水质。虾沟内水体较深，不易消除沉淀的残食，可结合换水进行清理。为了便于清残，在投喂虾饲料时，可采用在虾沟边沿投食的方法。

(4)做好防汛、防逃工作。稻田养殖小龙虾一般都是在地势低洼的水网地区，八九月份是洪水汛期和台风季节，因此凡有条件的，都要备足一定的防汛器材，并提前搞好田埂、防逃设施的加固，做好防汛、防台风、防逃、防偷，严防大风吹倒防逃设施，洪水漫田造成小龙虾逃逸。对修建的防逃设施，要经常进行检查，发现漏洞，及时修补，发现倾折要及时扶正。特别是在暴风骤雨之夜，要加强对进水口的防逃设施，要重点检查。此外，对于田埂的小漏洞，要采取措施进行堵塞。

(5)谨防农药化肥危害。小龙虾的抗农药能力极差，稻田养殖小龙虾中危险性最大的是农药化肥危害。有许多高效农药，对小龙虾的毒性极大，如除虫菊类农药、有机氯类农药等，都不宜在稻田里使用。在防治稻谷病虫害时，应选择高效低毒农药。药物施用后应在稻田里能短期分解，且残留低或基本无残留。在防治稻谷虫害时，可选用希虫双、乐螟松、敌百虫和亚胺硫磷等；在防治稻谷病害时，可选用托布津、井冈霉素等。养虾稻田在施用农药时，应参考不同药物的使用说明书，按常规稻田药物的标准使用量进行，不可擅自加大剂量。施药后，如果发现虾上爬、急躁不安，应立即采取急救措施。急救方法有两种，一是用最快的速度换水，二是用生石灰全田泼撒。

(6)高温期间，做好防暑降温工作。

4. 病敌害防治

(1)坚持预防为主的方针，搞好病害防治。小龙虾的主要病害有甲壳病、肠胃炎以及寄生虫引发的疾病等。主要通过药物预防与治疗的措施加以控制。一般每隔15～20天，每亩用生石灰10～15千克加水调配成溶液全池泼洒1次，既起到消毒防病的作用，又能补充小龙虾生长需要的钙质。定期在饲料中加入光合细菌、免疫多糖、多种维生素等药物，制成药饵投喂，增强虾的体质，减少疾病的发生。

（2）采取多种方法消灭敌害。小龙虾的敌害主要有水老鼠、水蛇、青蛙、蟾蜍、水鸟及一些凶猛肉食性鱼类等。除对养虾沟、暂养池彻底清池消毒外，进、排水口也要用密网封好，严防敌害进入，平时发现敌害要及时捕捉清除，例如，水鼠的危害较大，可采用鼠药、鼠笼、鼠夹等多种方法进行清除。有条件的可在田边设置一些彩条或稻草人，恐吓、驱赶水鸟。

5. 捕捞　稻田饲养小龙虾，只要一次放足虾种虾苗，经过2个月左右饲养，就有一部分小龙虾能够达到商品规格。将达到商品规格的小龙虾捕捞上市出售，未达到规格的继续留在稻田内养殖，降低稻田中虾的密度，促进小规格的虾快速生长。

捕捞的方法很多，可采用地笼网、虾笼、等工具进行捕捞。下午将虾笼和地笼网置于稻田虾沟内，隔天清晨起笼收虾，通常地笼网捕捞小龙虾效果较好。或者用一定密度网眼的抄网在虾沟中来回抄捕，规格较小的虾从网眼逃逸，符合规格的虾不能逃逸而被捕捉，效果很好。最后在稻田割谷前排干田水，将大部分虾捕获。

（五）水稻的栽插与管理

稻田养殖小龙虾，虾稻共生，形成一个新的复合生态系统，最终目的是要在有限的稻田内获得稻虾双高产，达到增收的目的。因而搞好水稻的栽插与管理也是一个极其重要的方面。

1. 水稻秧苗的栽插　养殖小龙虾的稻田，由于土壤肥力较好，宜选用耐肥力强、茎秆坚硬、不易倒伏、抗病害、产量高的水稻品种，特别是病虫害少的水稻品种，尽量减少水稻在生长期间的施肥和喷施农药的次数。水稻田通常要求在5月底翻耕，6月10日前后开始栽插。移栽前的 2～3 天,要对秧苗普施 1 次高效农药。通常采用浅水移栽、宽行密株的栽插方法,株行距为 16.7 厘米×16.7 厘米或 16.7 厘米×20 厘米,并注意适当增加田埂内侧虾沟两旁的栽插密度,发挥边际优势。插秧的密度向比常规个稻的插秧稀一些,开厢方向最好是南北向,以利于稻田通风透光。

2. 水稻的生长管理

(1)施肥。稻田施肥,应选择晴朗天气,水稻栽插前要施足基肥,基肥以长效有机肥为主,每亩可施有机肥 200～300 千克,也可在栽插前结合整地一次性深施碳酸氢铵 40～50 千克。追肥应以尿素为主,全年施 2～3 次,每次每亩 4～6 千克,视水稻生长情况而定。

(2)除草治虫。养虾的稻田,一些嫩草被小龙虾吃掉,但稗草等杂草则要用人工拔除。水稻生长后期主要是三代三化螟的危害,除在栽插前用药普治一次外,对三代三化螟可选用低毒高效农药,采取喷雾的办法进行防治。注意用药浓度,用药后再及时换一次新鲜水。这样做既能起到治虫效果,又不致伤害小龙虾。

(3)晒田。为保证小龙虾的生长觅食,要妥善处理虾、稻生长与水的关系。平时保持稻田面有 5～10 厘米的水深。晒田时,不完全脱水,水位降至田面将露出水面即可,且时间较短,一旦发现小龙虾有异常反应,应立即灌水。养殖过程中,只需晒田 1 次。

(六)小龙虾与中稻的轮作养殖

在长江中游地区,气候相对温暖的地方,有许多低湖田、冬泡田或冷浸田,一年只种植一季中稻,9～10 月份稻谷收割后,稻田空闲到第二年的 6 月份再种中稻。小龙虾与中稻的轮作养殖是利用稻田收获后的冬闲田或虾沟进行冬季养殖,一方面可以提高稻田利用率,另一方面可为翌年养殖准备虾种。这种养殖模式不影响中稻田的耕作,也不影响中稻的产量,每年每亩可收获小龙虾 100～200 千克,经济效益非常可观,是广大农民种田致富的一个好门道。具体方法如下。

1. 稻田的条件与准备　选择水质良好、水量充足、没有污染的大水体做水源，稻田应离水源较近，保水性能好，排灌方便，不会被洪水淹没。稻田的面积宜大，一般几十亩至上百亩。田埂内沿四周开挖宽1～1.5米、深0.8米的环形养虾沟，面积较大的田，中间还要开挖“十”字形、“井”字形或“日”字形田间沟，沟宽0.5～1米，深0.5米。环形养虾沟和田间沟面积占稻田面积5%～10%。利用开挖环形虾沟和田间沟挖出的泥土加固、加宽、加高田埂，平整田面，田埂加固时每加一层泥土都要进行夯实，以防以后暴风雨时田埂坍塌。田埂顶部应宽3米以上，并加高0.5～1米。至少能关住0.4～0.6米深的水。排水口要用铁丝网或铁栅栏围住，防止小龙虾外逃或敌害生物进入。其他准备与前述的稻田养虾相同。

2. 小龙虾的放养　采取小龙虾与中稻连作的模式，要一次放足虾种，分期分批轮捕。小龙虾的放养上有三种模式。

(1)放种虾模式。每年7～8月份，在中稻收割之前1～2个月，往稻田的环形虾沟中投放经挑选的小龙虾亲虾。投放量每亩18～20千克，雌雄比(2～1.5)∶1。小龙虾亲虾投放后不必投喂，亲虾可自行摄食稻田中的有机碎屑、浮游生物、水生昆虫、周丛生物及水草。稻田的排水、晒田、割谷照常进行，此时小龙虾亲虾会掘洞进入地下进行繁殖。中稻收割后将秸秆还田并随即灌水，施放腐熟的有机草粪肥，培肥水质。待发现有较多幼虾活动时，可用地笼捕走大虾，并加强对幼虾的饲养和管理。

在投放种虾这种模式中，小龙虾亲虾的选择很重要。选择小龙虾亲虾的标准如下：①颜色暗红或黑红色、有光泽、体表光滑无附着物；②个体大，雌、雄性个体重都要在40克以上，最好雄性个体大于雌性个体；③亲虾雌、雄性都要求附肢齐全、无损伤，体格健壮，活动能力强；④亲虾离水时间要尽可能短。

(2)投放抱卵虾模式。每年的9～10月份当中稻收割后，将稻草还田，用木桩在稻田中营造若干深 10～20 厘米的人工洞穴并立即灌水，稻田灌水后往稻田中投放小龙虾抱卵虾。抱卵虾可来源于人工养殖，也可从市场收购，但人工养殖的抱卵虾质量较好，成活率较高。抱卵虾离水时间要尽可能短，所产卵粒要多，投放量为每亩 12～15 千克。抱卵虾投放后不必投喂人工饲料，但要投施一些牛粪、猪粪、鸡粪等腐熟的农家肥，培肥水质。抱卵虾可自行摄食稻田中的有机碎屑、浮游动物、水生昆虫、周丛生物、水草及猪、牛粪。待发现有幼虾活动时，可用地笼适时捕走大虾并加强对幼虾的饲养和管理。稻田中天然饵料生物不丰富的，可适当投喂一些人工饵料，如鱼糜、人工捞取的枝角类和桡足类、绞碎的螺、蚌肉等。

(3)放幼虾模式。每年的 9～10 月份稻收割后，用木桩在稻田中营造若干深 10～20 厘米深的人工洞穴并立即灌水。往稻田中投施腐熟的农家肥，每亩投施量在 300～500 千克，均匀地投撒在稻田中，没于水下，培肥水质。往稻田中投放离开母体后的小龙虾幼虾 1.5 万～3 万尾，在天然饵料生物不丰富时，可适当投喂一些鱼肉糜、绞碎的螺、蚌肉及动物屠宰场和食品加工厂的下脚料等，也可人工捞取枝角类、桡足类投喂。鱼糜每亩每日可投 200～300 克，枝角类、桡足类每亩每日可投 500～1 000 克或更多。人工饲料投在稻田沟边，沿边呈多点块状分布。

3. 饲养管理

(1)稻田中的稻草尽可能多地留置在稻田中，呈多点堆积并没于水下浸沤。整个秋冬季，注重投肥、投草，培肥水质。一般每个月投一次水草，施一次腐熟的农家草粪肥。龙虾冬季虽然生长缓慢，并不是完全停止摄食。因此，在放养后应抓紧冬前时间精心喂养，天然饵料生物丰富的可不投饲料，天然饵料生物不足而又看见有大量幼虾活动时，可适当投喂鱼糜、绞碎的螺蚌肉、屠宰厂的下脚料、粮食和食品加工厂的下脚料如三等粉等人工饲料，也可人工捞取枝角类、桡足类投喂。当水温低于12℃,可不投喂。

(2)冬季小龙虾进入洞穴中越冬,到第二年的2～3月份水温回升后从洞穴出来。此时用调节水深的办法来控制水温,调控的方法是:白天,水可浅些,让太阳晒水以便水温尽快回升;晚上、阴雨天或寒冷天气,水应深些,以免水温下降。冬季管理还要注意加强水质管理,根据水色水质变化情况,适时注、换新水,换水时要注意水温变化不可太大。日常巡田检查,防偷、防害、防结冰。

(3)开春以后,要加强投草、投肥,培养丰富的饵料生物,一般每亩每半个月投一次水草,100～150千克;每个月投一次发酵的猪牛粪,100～150千克。有条件的每日还应适当投喂一次人工饲料,以加快小龙虾的生长。可用的饲料有人工配合饲料,饼粕、谷粉,砸碎的螺、蚌及动物屠宰场的下脚料等,投喂量以稻田存虾重量的3%加减,傍晚投喂。人工饲料、饼粕、谷粉等在养殖前期每亩投量在500克左右,养殖中后期每亩可投1 000～1 500克;螺蚌肉可适当多投。

(4)从3月底用地笼开始捕虾,捕大留小,一直到5月底、6月初中稻田整田前,彻底干田,将田中的小龙虾全部捕起。

从三种模式放养来看,以7～8月份投放种虾和9～10月份投放幼虾的模式较好。这两种模式都可在10月份饲养幼虾,比9～10月放抱卵虾模式出幼虾的时间要早20～30天,越冬前的饲养期多20～30天,对于第二年小龙虾的个体规格和产量有很大的影响,对于幼虾的越冬和提高越冬成活率,意义也很重大。

三、草荡、圩滩地养殖

草荡、圩滩地养殖小龙虾是指利用草荡、圩滩地大水面优越的自然条件与丰富的生物饵料养殖小龙虾的一种生产形式。它具有省工、省饲、投资少、成本低、收益高等优点,可以和鱼、虾、蟹混养和水生植物共生,综合利用水域。实行规模经营,建立生产、加工、营销一体化企业，发挥综合效益和规模效益的优势。草荡、圩滩地养虾是利用我国大水面资源的有效途径之一（图 4-10）。

图 4-10　芦苇荡养殖小龙虾

(一)养殖水体的选择及养虾设施的建设

草荡、圩滩地养虾，要求选择水源充沛、水质良好，水位稳定且易控制，水生植物和天然饵料资源比较丰富，水口较少的草荡、圩滩地，尤其以封闭式草荡、圩滩地最为适宜，有利于提高起捕率和产量。

选择养虾的草荡、圩滩地，要按照虾的生态习性，搞好基础设施建设。开挖养虾沟或河道，特别是一些水位浅的草荡、圩滩地。通常在草滩四周开挖，其面积占整个草荡的 30%。虾沟主要的作用是春季放养虾种、鱼种，冬季也是小龙虾栖息穴居的地方。由于小龙虾有逆水上溯行为，因此，在养殖区域要设置防逃设施，尤其是进、排水口需安装栅栏等防逃设施。

(二)种苗放养前的准备

1. 清除敌害鱼类　对草荡、圩滩地养殖小龙虾危害较大的鱼类有黑鱼、鲤鱼、草鱼等，这些鱼类不但与小龙虾抢食底栖动物和优质水草，有的还会吞食虾种和软壳虾。在小龙虾种苗放养前进行一次彻底的清除，方法是用几台功率较大的电捕鱼器并排前行，来回几次清除草荡、圩滩地内的敌害鱼类。

2.改良水草种类和控制水草生长　草荡、圩滩地内水草覆盖面应保持在90%以上，水草不足时应移植伊乐藻、轮叶黑藻、马来眼子菜等小龙虾喜食且又不污染水质的水草。另外，根据草荡、圩滩地内水草的生长情况，不定期地割掉水草老化的上部，以便使其及时长出嫩草，供小龙虾食用。

3.投放足量螺蛳　草荡、圩滩地内清除敌害生物后开始投放螺蛳，螺蛳投放的最佳时间是2月底到3月中旬，螺蛳的投放量为400～500千克/亩，让其自然繁殖。当网围内的螺蛳资源不足时，要及时增补，确保网围内保持足够数量的螺蛳资源。

(三)种苗放养

草荡、圩滩地放养有两种放养模式，一种放养的方法是在7～9月份按面积每亩投放经挑选的小龙虾亲虾18～25千克，平均规格40克以上，雌雄性比(2～1)∶1。投放亲虾后不需投喂饲料，第二年的4～6月份开始用地笼、虾笼捕捞，捕大留小，年底保存一定数量的留塘亲虾，用于来年的虾苗繁殖。另一种是在春天4～6月份按面积投放小龙虾幼虾，规格为50～100尾/千克，每亩投放25～30千克。通常两种放养量可达到50～75千克/亩的产量。

草荡、圩滩地放养虾后，开春也可以放养河蟹和鱼类，其放养量每亩放养规格为50～100只/千克的一龄蟹种100～200只，鳜鱼种10～15尾，1龄鲢、鳙鱼种50～100尾，充分利用养殖水体，提高养殖经济效益。

(四)饲养管理

1.投饵管理　饲料管理是草荡、圩滩地养虾的核心工作。草荡、圩滩地养殖小龙虾一般采用粗养的方法，即利用草荡、圩滩地内的天然饵料。为提高效益、粗养过程中也要适当投喂饵料。特别是6～9月份，是小龙虾的生长期，投足饲料能提高养殖产量。饲料投喂要根据小龙虾投喂后的饱食度来调整投饲数。一般每天投喂2次，上午9时和下午5时各投喂1次，日投饵量在2%～5%。上午投料在水草深处，下午可投喂在浅水区。投喂后要检查吃食情况，一般投喂后2小时吃完为宜。

2. 水质管理　虾、鱼放养初期草荡、圩滩地水位可浅一些，随着气温升高，鱼虾蟹吃食能力增强，应及时通过水闸灌注新鲜水，使水保持1～1.2米，使小龙虾能在草滩觅食。七八月份气温高，可将水位逐渐加深并保持相对稳定，以增加鱼虾蟹的活动空间。秋季根据水质变化情况，及时补进新水，保持水质良好，有利于小龙虾和河蟹的生长、肥育。

3. 日常管理

(1)建立岗位管理责任制。实行专人值班，坚持每天早晚各巡田1次，严格执行以"四查"为主要内容的管理责任制。一查水位水质变化情况，定期测量水温、溶氧、pH值等；二查小龙虾活动摄食情况；三查防逃设施完好程度；四查病敌害侵袭情况。发现问题立即采取相应的技术措施，并做好值班日记。

(2)防逃工作。草荡、圩滩地养殖淡水小龙虾的最大问题是防逃，对此，要加强看管。平时还要坚持勤检查拦网有无破损，水质有无污染，发现问题要及时处理。

(五)捕捞

小龙虾在饵料丰富、水质良好、栖息水草多的环境内，生长迅速，捕捞可根据放养模式进行。放养亲本种虾的草荡、圩滩地，可在5～6月份用地笼开始捕虾，捕大留小，一直到10月份天气转凉为止；9～10月份草荡、圩滩地中降低水位捕出河蟹和鱼类。小龙虾捕捞时要留下一部分性成熟的亲虾，9～10月份捕捞的抱卵虾要留下专池饲养，作为翌年养殖的苗种来源。

四、水生经济植物田(池)养殖

利用水生经济植物田(池)养殖小龙虾是种养结合的生态渔业养殖新模式,具有投资少、管理方便、经济效益高等特点,有利于提高小龙虾养殖综合生产能力和小龙虾产品品质。着力发展高产、优质、高效、生态、安全的现代农业,推进农业科技进步和创新,提高劳动生产率和可持续发展能力,以科技加快改造传统农业,为小龙虾养殖推广注入新的动力。

(一)水芹田养殖小龙虾

水芹菜地生态养殖小龙虾是一种新的养殖模式,利用池塘8月份之前季节养殖小龙虾,8月份至翌年2月份种植水芹的一种种、养结合生产模式。根据小龙虾和水芹菜生长高峰期的时间差,在小龙虾生长的非高峰期进行水芹菜种植,一方面利用芹菜吸肥能力强的特点板结淤泥,减少池塘有机质;另一方面利用芹菜生长期留下的残叶为小龙虾越冬和生长提供优越的条件。水芹能够在春节前后上市销售,大大地提高了池塘产出效益。这种养殖模式受到越来越多养殖户的青睐。

1.水芹种植

(1)整地与施肥。排干田水,每亩施入腐熟有机肥1 500～2 000千克,耕翻土壤,耕深10～15厘米,旋耕碎土,精耙细平,使田面光、平、湿润。

(2)催芽与排种。通常8月上旬,日均气温27～28℃时开始催芽。从留种田中将母茎连根拔起,理齐茎部,除去杂物,用稻草捆成直径为12～15厘米的小束,剪除无芽或只有细小芽的顶梢。将捆好的母茎交叉堆放于接近水源的阴凉处,堆底先垫一层稻草或用硬质材料架空,通常垫高10厘米,堆高和直径不超过2米,堆顶盖稻草。每天早晚洒浇凉水1次,降温保湿,保持堆内温度20～25℃,促进母茎各节叶腋中休眠芽萌发。每隔5～7天,上午凉爽时翻堆1次,冲洗去烂叶残屑。种株80%以上腋芽萌发长度为1～2厘米时,即可排种。

排种时间一般在8月中、下旬,选择阴天或晴天下午4时后进行。将母茎基部朝外,梢头朝内,沿大田四周作环形排放,整齐排放1～2圈后,进入田间排种,茎间距5～6厘米。母茎基部和梢部相间排放,并用少量淤泥压住。

(3)水肥管理。移植时田面保持无水状态,有利于菜苗扎根,约25天后逐渐加水,但要低于水芹的高度。水位管理分三个阶段。萌芽生长阶段:排种后日均气温仍在24～25℃,最高气温达30℃以上,田间保持湿润而无水层。如遇暴雨,及时抢排积水。排种后15～20天,当大多数母茎腋芽萌生的新苗已生出新根和放出新叶时,排水搁田1～2天,使土壤稍干或出现细丝裂纹,搁田后复水,灌浅水3～4厘米。旺盛生长阶段:随植株生长,逐步加深水层,使田间水位保持在植株上部3厘米处,有3张叶片露出水面,以利于正常生长。生长停滞阶段:当冬季气温降至0℃以下时,临时灌入深水,水灌至植株全部没顶为宜。气温回升后,立即排水,仍保持部分叶片露出水面。同时,适时搞好追施肥料。搁田复水后施好苗肥,一般每亩施放25%复合肥10千克或腐熟粪肥1 000千克。以后看苗追肥1～2次,每次用尿素3～5千克/亩。

(4)定苗除草。当植株高5～6厘米时,进行匀苗和定苗,定苗密度为株间距4～5厘米,同时进行除草。

(5)病虫害防治。水芹的病虫害主要有斑枯病以及蚜虫、飞虱、斜纹夜蛾等。采用搁田、匀苗、氮磷钾配合施肥等,能有效地预防斑枯病;采用灌水漫虫法除蚜,即灌深水到全面植株没顶,用竹竿将漂浮水面的蚜虫及杂草向出水口围赶,清除田外,整个灌、排水过程在3～4小时内完成。同时,根据查测病虫害发生情况,选用药物,采用喷雾方法进行防治。

(6)采收。水芹栽植后80～90天即可陆续采收,直至翌年1～

2月份。采收时将植株连根拔起，污泥用清水冲洗干净，剔除黄叶和须根，并切除根部，理齐捆扎，鲜菜装运上市。水芹收割时沿池（田）边四周的水芹留下30～50厘米，作为养殖小龙虾的防护草墙和栖息隐蔽场所。

2. 水芹田改造工程　水芹田四周开挖环沟和中央沟，沟宽1～2米，沟深50～60厘米，开挖的泥土用以加固池（田）埂，池埂高1.5米，压实夯牢，不渗不漏。水源充足，溶氧5毫克/升以上，pH 7.0～8.5。排灌方便，进、排水分开，进排水口用铁丝、聚乙烯双层密眼网扎牢封好，以防养殖虾逃逸和敌害生物侵入虾池。同时，配备水泵、增氧机等机械设备，每5亩水耐配备1.5千瓦的增氧机。

3. 放养前准备

(1)清池消毒：虾池水深10厘米，用15～20千克/亩茶粕清池消毒。

(2)水草种植：水草品种可选择苦草、轮叶黑藻、马来眼子菜、伊乐藻等沉水植物，也可用水花生或水蕹菜（空心菜）等水生植物：水草种植面积占虾池总面积的30%。

(3)施肥培水：虾苗放养前7天，每亩施放腐熟有机肥如鸡粪150千克，以培育浮游生物。

4. 虾苗放养　通过苗种繁育池的改造、水芹菜防护草墙的构建、水草的移植等手段，营造了良好的苗种生态环境，按照小龙虾的交配繁殖习性，秋季雌雄亲虾以1.5∶1放养40千克/亩左右，经过强化培育，入冬前合理降低繁育池水位，到开春后适时放水繁育苗种，每亩产幼虾预计达20万尾。4～5月份，每亩放养规格为250～600尾/千克的幼虾1.5万～2万尾。选择晴好天气放养，放养前先取池水试养虾苗，虾苗放养时温差应小于2℃。

5. 饲养管理

(1)饲料投喂。饲料可使用绞碎的米糠、豆饼、麸皮、杂鱼、螺蚌肉、蚕蛹、蚯蚓、屠宰场下脚料或配合饲料等，根据不同生长阶段投喂不同产品，保证饲料营养与适口性，坚持"四定"、"四看"投饵原则.日投喂量为虾体重的3%～5%，分两次投喂，上午8时投饲量占30%，下午5时投饲量占70%。

(2)水质调控。

①养殖池水：养殖前期(4～5月份)要保持水体有一定的肥度。透明度控制在25～30厘米。中后期(6～8月份)应加换新水，防止水质老化，保持水中溶氧充足，透明度控制在30～40厘米，溶解氧保持在4毫克/升以上，pH 7.0～8.5。

②注换新水：养殖前期不换水，每7～10天注新水1次，每次10～20厘米，中后期每15～20天注换水1次，每次换水量15～20厘米。

(3)日常管理。每天早晚各巡塘1次，观察水色变化、虾活动和摄食情况；检查池埂有无渗漏，防逃设施是否完好。生长期间，一般每天凌晨和中午各开增氧机1次，每次1～2小时；雨天或气压低时，延长开机时间。

6.病害防治　坚持以防为主、综合防治的原则，如发现养殖虾患病，应选准药物，对症下药，及时治疗。

7.捕捞收获　7月底8月初，在环沟、中央沟设置地笼捕捞，也可在出水口设置网袋，通过排水捕捞，最后排干田水进行捕捉。捕捞的小龙虾虾分规格及时上市或作虾种出售。

(二)藕田藕池养殖小龙虾技术

我国华东地区、华南地区的藕田藕池资源丰富，但进行藕田藕池养鱼养虾的很少，使藕田藕池中的天然饵料生物白白浪费，单位面积的藕田藕池的综合经济效益得不到充分体现。在藕田、藕池中饲养小龙虾，是充分利用藕田、藕池水体、土地、肥力、溶氧、光照、热能和生物资源等自然条件的一种养殖模式，能将种植业与养殖业有机地结合起来，达到藕、虾双丰收，这与稻田养鱼养虾的情况颇有相似之处。

栽种莲藕的水体大体上可分为藕池与藕田两种类型:藕池多是农村坑塘,水深多在50～180厘米,栽培期为4～10月份。藕叶遮盖整个水面的时间为7～9月份。藕田是专为种藕修建的池子,池底多经过踏实或压实,水浅,一般为10～30厘米,栽培期为4～9月份。藕池的可塑性较小,利用藕池饲养小龙虾,多采用粗放的饲养方式。藕田由于便于改造,可塑性较大。利用藕田进行小龙虾饲养时,生产潜力较大,在这里我们将着重介绍藕田饲养小龙虾技术。

1.藕田的工程建设　养殖小龙虾的藕田,要求水源充足、水质良好、无污染、排灌方便和抗洪、抗旱能力较强。池中土壤的pH值呈中性至微碱性,并且阳光充足,光照时间长,浮游生物繁殖快,尤其以背风向阳的藕田为好。忌用有工业污水流入的藕田养小龙虾。

养虾藕田的建设建设主要有三项,即加固加高田埂,开挖虾沟、虾坑和修建进、排水口防逃栅栏。

(1)加固加高田埂。饲养小龙虾的藕田,需加高、加宽和夯实池埂。加固的田埂应高出水面40～50厘米,田埂四周用塑料薄膜或钙塑板修建防逃墙,最好再用塑料网布覆盖田埂内坡,下部埋入土中20～30厘米,上部高出埂面70～80厘米;田埂基部加宽80～100厘米。每隔1.5米用木桩或竹竿支撑固定,网片上部内侧缝上宽度30厘米左右的农用薄膜,形成"倒挂须",防止小龙虾攀爬外逃。

(2)开挖虾沟、虾坑。为了给小龙虾创造一个良好的生活环境和便于集中捕虾,需在藕田中开挖虾沟和虾坑。开挖时间一般在冬末或初春,并要求一次性建好。虾坑深50厘米,面积3～5米^2,虾坑与虾坑之间,开挖深度为50厘米,宽度为30～40厘米的虾沟。虾沟可呈"十"、"田"、"井"字形。一般小田挖成"十"字形,大田挖成“田”、“井”字形。整个田中的虾沟与虾坑要相通。一般每亩藕田开挖一个虾坑，面积为 20～30 米^2，藕田的进水口与排水口要呈对角排列，进、排水口与虾沟、虾坑相通连接。

(3)进、排水口防逃栅。进、排水口安装竹箔、铁丝网等防逃栅栏，高度应高出田埂 20 厘米，其中进水口的防逃栅栏要朝田内安置，呈弧形或“U”形安装固定，凸面朝向水流。注、排水时，如果水中渣屑多或藕田面积大，可设双层栅栏，里层拦虾，外层拦杂物。

2. 消毒施肥　藕田消毒施肥在放养虾苗前 10～15 天，每亩藕田用生石灰 100～150 千克，化水全田泼洒，或选用其他药物，对藕田和饲养坑、沟进行彻底清田消毒。饲养小龙虾的藕田，应以施基肥为主，每亩施有机肥 1 500～2 000 千克；也可以加施化肥，每亩用碳酸氢铵 20 千克，过磷酸钙 20 千克。基肥要施入藕田耕作层内，一次施足，减少日后施追肥的数量和次数。

3. 虾苗放养　放养方式类似于稻田养虾，但因藕田中常年有水，因此放养量比稻田饲养时的放养量要稍大一些。直接放养亲虾：小龙虾的亲虾直接放养在藕田内，让其自行繁殖，放养规格为 20～40 只/千克的小龙虾 25～35 千克/亩；外购虾苗：放养规格为 250～600 只/千克小龙虾幼虾，放养 1.5 万～2.0 万只/亩。

虾苗在放养前要用浓度为 3%左右的食盐对虾苗虾种进行浸洗消毒 3～5 分钟，具体时间应根据当时的天气、气温及虾苗本身的耐受程度灵活确定，采用干法运输的虾种离水时间较长，要将虾种在田水内浸泡 1 分钟，提起搁置 2～3 分钟，反复几次，让虾种体表和鳃腔吸足水分后再放养。

4. 饲料投喂　藕田饲养小龙虾，投喂饲料同样要遵循“四定”的投饲原则。投饲量以藕田中天然饵料的多少与小龙虾的放养密度而定。投喂饲料采取定点的办法，即在水位较浅，靠近虾沟虾坑的区域，拔掉一部分藕叶，使其形成明水区的投饲区，投饲在此区内进行。在投喂饲料的整个季节，遵守“开头少，中间多，后期少”的原则。

成虾养殖可直接投喂绞碎的米糠、豆饼、麸皮、杂鱼、螺蚌肉、蚕蛹、蚯蚓、屠宰场下脚料或配合饲料等，保持饲料蛋白质含量在25%左右。6～9月份水温适宜，是小龙虾生长旺期，一般每天投喂2～3次，时间在上午9～10时和日落前后或夜间，日投饲量为虾体重的5%～8%；其余季节每天可投喂1次，于日落前后进行，或根据摄食情况于次日上午补喂1次，日投饲量为虾体重的1%～3%。饲料应投在池塘四周浅水处，小龙虾集中的地方可适当多投，以利于其摄食和饲养者检查吃食情况。

饲料投喂需注意：天气晴好时多投，高温闷热、连续阴雨天或水质过浓则少投；大批虾蜕壳时少投，蜕壳后多投。

5. 日常管理　利用藕田饲养小龙虾的成功与否，取决于饲养管理的优劣。灌水藕田饲养小龙虾，在初期宜灌浅水，水深10厘米左右即可。随着藕和虾的生长，田水要逐渐加深到15～20厘米，促进藕的生长。藕田灌深水和藕的生长旺季，由于藕田补施追肥及水面被藕叶覆盖，水体由于光照不足及水质过肥，常呈灰白色或深褐色，水体缺氧，在后半夜尤为严重。此时小龙虾常会借助藕茎攀到水面，利用鳃直接进行空气呼吸，以维持生存。

饲养过程中，要采取定期加水和排出部分老水的方法，调控水质，保持田水溶氧量在4毫克/升以上，pH 7～8.5，透明度35厘米左右。每15～20天换1次水，每次换水量为池塘原水量的1/3左右。每20天泼洒1次生石灰水，每次每亩生石灰10千克，在改善池水质的同时，增加池水中离子钙的含量，促进小龙虾蜕壳生长。养虾藕田的施肥，以基肥为主，约占总施肥量的70%，同时适当搭配化肥。施追肥时要注意气温低时多施，气温高时少施，防止施肥对小龙虾生长造成影响，可采取半边先施、半边后施的方法交替进行。

6. 捕捞　可用虾笼等工具进行分期分批捕捞，也可一次性捕捞。一次性捕捞在捕捞之前，将虾爱吃的动物性饲料集中投喂在虾坑、虾沟中，同时采取逐渐降低水位的方法，将虾集中在虾坑、虾沟中进行捕捞。

(三)大水面增养殖小龙虾技术

对于浅水湖泊、草型湖泊、沼泽、湿地以及季节性沟渠等面积较大、又不利于鱼类养殖的水体可放养小龙虾。放养的方法是在7～9月份按面积每亩投放经挑选的小龙虾亲虾18～20千克，平均规格40克以上，雌雄性比(2～1)：1。到第二年的4～6月份开始用地笼、虾笼捕捞，捕大留小，年亩产小龙虾商品虾可在50～75千克，以后每年只是收获，无需放种。此种模式需注意的是捕捞不可过度，如捕捞过度，来年的产量必然会大大降低，此时就需要补充放种。此种模式虽然不需投喂饲料，但要注意培植水体中的水生植物，使得小龙虾有充足的食物。培植的方法是定期往水体中投放一些带根的沉水植物即可。

1. 养殖地点的选择及设施建设

(1)地点选择。优先选择那些水草资源茂盛、湖底平坦、常年平均水深在0.4～0.6米的湖泊浅水区，周围没有污染源，既不影响蓄洪泄洪，又不妨碍交通。利用这样的地方，发展小龙虾的增养殖，能达到预期的养殖效果。

(2)设施建设。在选好的养殖区四周，用毛竹或树棍作桩，塑料薄膜或密眼聚乙烯网作防逃设施材料，参照网围养蟹的要求，建好围栏养殖设施，可简易一些。每块网围养殖区的面积以30亩左右为宜，几百亩的大块网围区也可以。

2. 虾种放养

(1)放养前的准备工作。

①清障除野。清除养殖区内的小树、木桩以及其他障碍物等，

凶猛鱼类以及其他敌害生物也要彻底清除。

②用生石灰或其他药物，彻底消毒。

③移栽或改良水生植物，设置聚乙烯网片、竹筒等，增设栖息隐蔽场所。

(2)虾种放养。虾种放养有秋冬放养和夏秋放养两种类型。

①秋冬放养。在11～12月份进行，以放养当年培育的虾种为主。虾种规格要求在3厘米以上，规格整齐，体质健壮，无病无伤，每亩可放养4 000～6 000尾。

②夏秋放养。以放养虾苗或虾种为主，每亩可放养虾苗1.2万～1.5万尾，或放养虾种0.8万～1万尾。也可在5～6月份直接放养成虾，规格为25～30克/只，每亩网围养殖区可放养3～5千克，搞好雌、雄配比。通过饲养管理，让其交配产卵，孵化虾苗，实行增养结合。

3.饲养管理

(1)饵料投喂。小型湖荡养殖小龙虾，一般都是以利用天然饵料为主，只需在虾种、成虾放养初期，适量增设一些用小杂鱼加工成的动物性饵料即可。此外，在11～12月份也应补投一些动物性饵料，以弥补天然饵料的不足。如果实行精养，放养的虾种数量较多，则可参照池塘养殖小龙虾进行科学投饵。

(2)防汛防逃。小型湖荡养殖小龙虾，最怕的是汛期陡然涨水和大片水生植物漂流下来压垮围栏设施。因而要提前做防汛准备，备好防汛器材，及时清理上游漂浮的水生植物，加高加固围栏设施。汛期专人值班，每天检查确保万无一失。

(3)清野除害。小型湖荡养殖小龙虾，由于水面大，围栏设施也比较简陋，因而凶猛鱼类以及其他敌害、小杂鱼等很容易进入。这些敌害和小杂鱼危害小龙虾并与其争食、生存空间，影响小龙虾的生长。因此，要定期组织小捕捞，将侵入的凶猛鱼类和野杂鱼捕出。

4.成虾的捕捞　商品虾的捕捞主要在6～7月份。捕捞的工具主要有地笼网、手抄网、托虾网等。应根据市场需求，有计划地起捕上市，实现产品增值。同时，还要留下一定数量的亲虾，让其交配、产卵、孵幼，为下一年小龙虾成虾的养殖，提供足够的优质种苗。

第五章　小龙虾的捕捞与运输

一、小龙虾的捕捞

淡水小龙虾生长快，从放养至收获只需很短的时间，而且为蜕壳生长，在饲养过程中个体之间生长存在着较大的差异性，即使放养时规格较为整齐的苗种，收获也不是同步的。为了提高养殖产量，减少在养殖过程中出现的因个体差异引起的相互残杀，降低养殖水体的生物承载量，当一些生长快的个体达到商品虾规格时应采用轮捕轮放的方法捕捞上市。具体的做法根据苗种放养模式进行捕捞。

(一)捕捞工具

淡水小龙虾的捕捞方法很多，使用的工具也较多，目前常见的捕捞淡水小龙虾工具有以下几种。

1. 虾笼　用竹篾编制成直径为 10 厘米的"丁"字形筒状笼子，两个入口置有倒须，虾只能进不能出。在笼内放入面粉团、麦麸等饵料，引诱淡水小龙虾进入觅食，进行捕捉。通常傍晚放置虾笼，早晨收集虾笼取虾，挑选大规格商品虾销售，小虾继续放回池中进行养殖。

2. 抄网　该网又叫手抄网，制作简易，使用方便。捕虾时，用手抄网在水生植物下方或人工虾巢的下方抄捕，捕大留小，逐块水生植物抄捕，捕捞效果好(图 5-1，图 5-2)。

3. 虾球　用竹片编制成直径为 60～70 厘米的扁圆形空球，内填竹梢、刨花等。顶端系一塑料绳，用泡沫塑料作浮子即成。将虾球放入池塘或其他养殖水域,定期用手抄网将集于虾球上的淡水小龙虾捕上来。

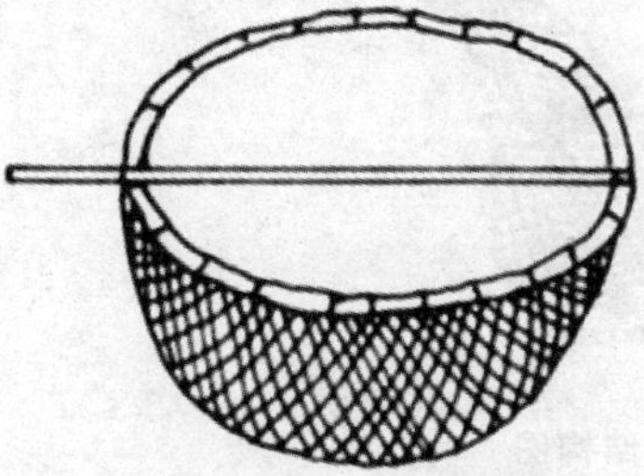

图 5-1　圆形手抄网

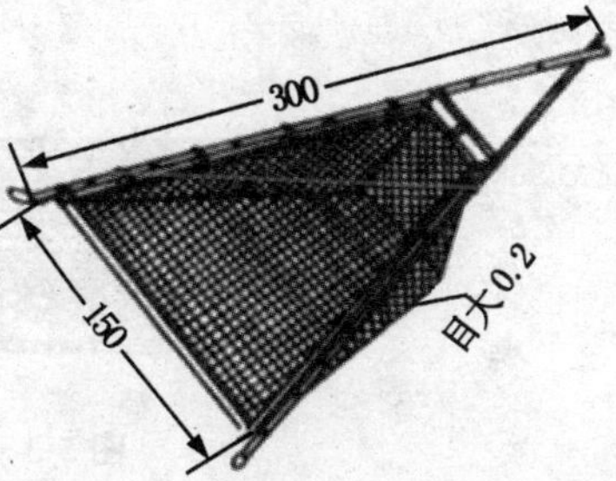

图 5-2　三角抄虾网(cm)

4. 拖网　聚乙烯网片制作,类似捕捞夏花的渔网。拖网主要用于集中大捕捞,先将虾池水排出大部分,再用拖网拖捕。此外,还可采取放水捕虾和干塘捕虾,最后将虾全部起捕上来。

5. 地笼网　可分为两种,一种是体积较大的定置地笼网,不需要每天重复收起、放下,每天只要分两次(淡水小龙虾多的池塘要数次)从笼梢中取出淡水小龙虾即可,7～10 天收起地笼网冲洗一次,洗干净后再放入池中;另一种地笼网体积较小,每日必须数次重复放下、收起、取虾(图 5-3)。

目前使用较多的、效果较好的捕捞淡水小龙虾方法是采用地笼网捕捞。地笼网捕虾均要注意以下几点:

一是在捕捞前禁止使用任何药物或起捕日期必须定在休药期之后;

二是购买地笼网时要注意它的做工,选择捕获量高的地笼网;

三是地笼网的网眼要控制好,不可卡住未达到上市规格的虾种及虾苗;

四是地笼网下好后,笼梢必须高出水面,有利于进笼的淡水小

图 5-3　地笼结构图

龙虾透气；

五是地笼网下好后要注意经常去观察，地笼网中的淡水小龙虾数量不可堆积过多，否则会造成淡水小龙虾的窒息死亡；

六是地笼网使用 7～10 天后必须要进行彻底的冲洗、曝晒，有利于提高捕获量；

七是捕获起的虾要及时进行分拣，未达上市规格的虾要及时放回原池中，不可挤压；不可离水时间过长，放养的地方尽量离地笼远一点。

(二)轮捕上市

小龙虾捕捞的时间与种苗放养有关。春季放养的苗种，经过了 2～3 个月的养殖，一般在 6 月中、下旬就开始起捕，利用小龙虾生长的个体差异捕大留小，陆续上市。秋季留放小龙虾亲虾或抱卵虾，至第二年春季就要根据亲虾的繁殖情况，及时捕捞出亲虾，一般捕捞时间在 4 月上、中旬，通过轮捕控制池塘内虾苗的存塘量，保持一个适合的密度有利于提高生长速度，同时也可以起到提高单位面积产量，提高经济效益的作用。

二、小龙虾的运输

淡水小龙虾的运输分为幼虾(虾苗、虾种)运输与商品虾运输。幼虾运输目前通常采用塑料周转箱加水草运输,注意运输是装箱厚度不宜过大,运输过程中要注意保持湿润,避免阳光直射。商品淡水小龙虾的由于生命力很强,离水后可以成活很长的时间,因此商品淡水小龙虾的运输相对也较为方便、简单。

1. 淡水小龙虾苗种高密度运输技术　传统的淡水小龙虾苗种运输方法总体上都比较简陋,不能较好地满足高密度运输的条件,例如,以前较多使用的蛇皮袋装运,由于没有架体支撑,抵抗破坏的能力差,无法堆高充分利用车厢空间,且由于挤压严重,运输成活率较低。用水箱运输方法不便捷,用水量大,运输效率低,运输成本较高。

淡水小龙虾苗种高密度运输技术,通过完善捕捞技术,减少捕捞对克氏原螯虾苗的伤害;通过暂养停食,减少排泄量;采用聚乙烯网布的钢筋网箱(图 5-4),可相互叠加提高运输能力;通过添加水草保持运输环境湿度,提高运输成活率,从而达到高密度运输的目的。

图 5-4 中的 1 表示网箱框架支撑钢筋,圆柱形,直径 0.3 厘米,相互焊接成四边形框架,图 5-4 中的 2 为聚乙烯网布,网目大小 0.1 厘米,捆扎覆盖在整个框架的四面,图 5-4 中的 3 为活动盖板,大小为 40 厘米×40 厘米,活动可打开,图 5-4 中的 4 为塑料软管,单面剖开后用网绳固定在钢筋框架四周,防止网隔箱相互垒叠摩擦,造成聚乙烯网布破损。

具体方式如下。

①捕捞:采用地笼网捕捞克氏原螯虾苗种,每日早、中、晚重复放下、收起、取虾。地笼网下好后,笼梢高出水面,便于进笼的克氏原螯虾透气。

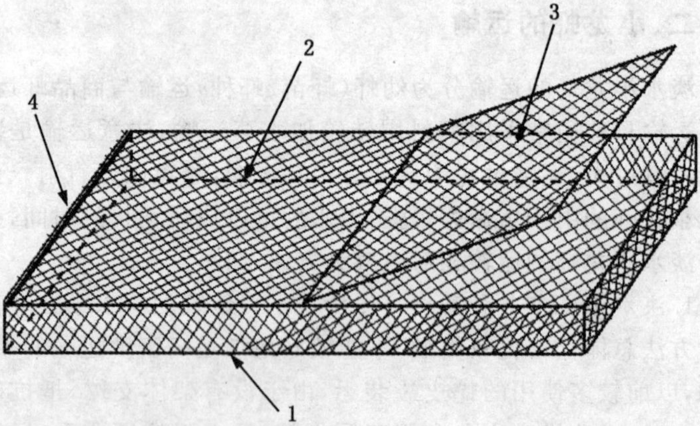

图 5-4 小龙虾苗种高密度运输的聚乙烯网布钢筋网隔箱示意图

②暂养：将从养殖池捕捞上的克氏原螯虾苗种放在水泥池中暂养排污 4～6 小时。

③挑选：选择体色纯正，体表无附着物，附肢齐全、无病无伤、躯体光滑、活动能力强的克氏原螯虾苗种，去除有病有伤的虾苗。

④运输：采用 80 厘米×40 厘米×10 厘米聚乙烯钢筋网隔箱分层运输，网隔箱底铺少量水草后放入克氏原螯虾苗种，然后再覆盖少量湿润水草，每只网隔箱放克氏原螯虾苗种 5 千克，网隔箱一只一只地垒叠，每 2 小时向箱体喷洒清水，保持虾体湿润。

⑤放养：经过 8 小时的运输抵达目的地后，将虾连同箱子放入水中浸泡 1～2 分钟，提起静放 1～2 分钟再浸泡，反复 4～5 次，使克氏原螯虾腮部充分吸水。

用本方法运输的克氏原螯虾成活率在 95%。

2. 成虾运输　淡水小龙虾成虾运输多采用干法运输，在运输的过程中，要讲究运输方法。首先，要挑选体质健壮，刚捕捞上来的淡水小龙虾进行运输。运输容器以竹筐、塑料泡沫箱均可，最好每个竹筐或塑料泡沫箱装同样规格的淡水小龙虾，先将淡水小龙虾摆上一层，用清水冲洗干净，再摆第二层. 摆到最上一层后，铺一层塑料编织带，浇上少量水后，撒上一层碎冰，每个装虾的容器要放 1.0～1.5 千克碎冰，盖上盖子封好用塑料泡沫箱作为装虾苗的容器时，要事先在泡沫箱上开几个孔隙。

其次，要计算好运输的时间。正常情况下，运输时间控制在 4～6 小时，如果时间长，就要中途再次打开容器浇水撒冰，如果中途不能打开容器加水加冰，事先就要多放些冰，防止淡水小龙虾由于在长时间的高温干燥条件下大量死亡。装虾的容器不要堆积得太高。正常在 5 层以下，以免堆积过高，压死淡水小龙虾。在淡水小龙虾的贮藏与运输过程中，死亡率正常控制在 2%～4%。超过这个比例。就要改进贮运方案。

3. 注意事项　为了提高运输的成活率；减少不必要的损失，在淡水小龙虾的运输过程中仍要注意以下几点：

①在运输前必须对淡水小龙虾进行挑选，尽量挑选体质强壮、附肢齐全的个体进行运输，剔除体质差、病弱有伤的个体。

②需要运输淡水小龙虾要进行停食、暂养，让其肠胃内的污物排空，避免运输途中的污染。

③选择好合适的包装材料，短途运输只需用塑料用转箱，上、下铺设水草，中途保持湿润即可，长途运输必须用带孔的隔热的硬泡沫箱、加冰、封口、低温运输。

④包装过程中要放整齐，堆压的高度不宜过大，一般不超过 40 厘米，否则会造成底部的虾因挤压而死亡。

⑤有条件的，在整个运输过程中，温度控制在 1～7℃，使淡水小龙虾处于半休眠状态，减少氧气的消耗及淡水小龙虾的活动量，保持一定的温度，防止脱水死亡，提高运输的成活率。

第六章　小龙虾的病害防治

一、病害的预防

虾病的发生是病原体、环境和宿主三者相互作用的结果，相对于蓬勃发展的虾类养殖业，研究虾病的历史较短，目前对许多问题尚未完全了解，特别是虾类的病毒性疾病，至今仍不能有效治疗因此，对待虾病应立足于“无病先防、有病早治、以防为主、防治结合”的十六字方针。只有从提高对虾体质、改善和优化环境、切断病原体传播途径等方面着手，开展综合防治和推广健康养殖模式，才能达到虾病防重于治的目的。具体的预防措施如下：

(1)根据养殖经验，在虾病流行季节前和虾病流行季节期间，定期用药物泼洒全池，如漂白粉、生石灰水等，改良水质、杀灭水中致病菌，有预防虾病的效果。

(2)在虾种投放前，用食盐水、高锰酸钾等对其进行体表消毒。如食盐水浸洗：采用1%～2%的食盐水浸洗虾种或亲虾10～15分钟后，再放入虾池，有预防疾病的效果。

(3)根据淡水小龙虾不同生长时期习性不同，将药物拌入饲料中制成浮性药饵或沉性药饵投喂，达到预防的目的。

(4)采用泼洒、投喂、浸泡中草药制剂预防虾病，效果好，节约成本，能及时解决生产过程中的实际问题。

(5)养殖生产中使用的渔具，可在阳光下曝晒进行消毒。木桶、塑料桶类容器，可采用石灰水浸泡处理，以达到预防效果。

二、小龙虾主要疾病及防治

(一)白斑综合征病毒病

白斑综合征病毒(WSSV)是迄今为止危害最为严重的一种克氏原螯虾病毒，该病发病时间在长江下游地区为4～7月份，每年给克氏原螯虾养殖业造成巨大的经济损失。

病原与病症：是由白斑综合征病毒引起的细菌感染，感染后的小龙虾主要表现为活力低下，附肢无力，应激能力较弱，大多分布于池塘边；体色较暗，部分头胸甲等处有黄白色斑点；解剖可见胃肠道空，一些病虾、蟹有黑腮症状；部分肌肉发红或者呈现白浊样。养殖池塘中一般大规格虾先死亡，在长江下游地区7月中旬停止。

防治方法：

(1)做好苗种的检疫和消毒，放养健康、优质的种苗。种苗是小龙虾养殖的物质基础，是发展其健康养殖的关键环节，选择健康、优质的种苗可以从源头上切断WSSV的传播链。

(2)控制好适宜的放养密度。苗种放养密度过大容易导致虾体互相刺伤，大量的排泄物、残饵和虾壳、浮游生物的尸体等不能及时分解和转化，产生非离子氨、硫化氢等有毒物质，使溶解氧不足，体质下降，抵抗病害能力减弱等后果。

(3)及时喂养精饲料，提高虾的抗病力；适时投喂抗生素药饵，早期预防。

(4)改善栖息环境，加强水质管理，移植水生植物，定期清除池底过厚淤泥，勤换水，可以使用适量的微生物制剂如光合细菌、EM菌等，调节池塘水生态环境。

(5)在养殖过程中应认真处理好死亡的病虾，在远离养殖塘处掩埋，杜绝病毒的进一步扩散。

(二)烂鳃病

病原与病症：病原为细菌。其症状主要表现为为病虾鳃丝发黑，局部霉烂。

防治方法：

①经常清除虾池中的残饵、污物，注入新水，保持良好的水体环境，保持养殖环境的卫生安全，保持水体中溶氧在 4 毫克/升以上，避免水质被污染。

②用漂白粉 2 毫克/升溶液全池泼洒，可以起到较好的治疗效果。

(三)黑鳃病

此病主要是由于水质污染严重，淡水小龙虾鳃丝受霉菌感染所引起，患病病虾鳃由红色变为褐色或淡褐色，直至完全变黑，鳃萎缩，病虾往往伏在岸边不动，最后因呼吸困难而死。

防治方法：

①保持饲养水体清洁，溶氧充足，定期泼洒生石灰调节水质；

②把患病虾用 3%～5%的食盐中浸洗 2～3 次，每次 3～5 分钟；或用 10 毫克/升亚甲基蓝溶液全池泼洒。

(四)烂尾病

烂尾病是由于淡水小龙虾受伤、相互残食或被几丁质分解细菌感染引起的。感染初期病虾的尾部有水泡，边缘溃烂、坏死或残缺不全，随着病情的恶化，溃烂由边缘尾部向中间发展，严重感染时，病虾整个尾部溃烂掉落。

防治方法：

①运输和投放虾苗虾种时，不要堆压和损伤虾体；

②饲养期间饲料要投足、投匀，防止因饵料不足相互争食或残杀；

③发生此病，用茶粕 15～20 毫克/升浸液全池泼洒。或用生石灰 7.5～9 毫克/升溶液全池泼洒。

(五)聚缩虫病

病原与症状:病原为聚缩虫,其症状主要表现为虾难以顺利蜕壳,病虾往往在脱壳过程中死亡,幼体、成虾均可发生,对幼虾危害较严重。

防治方法:

①彻底清塘,杀灭池中的病原体,对该病有一定的预防作用;

②发生此病可经常大量换水,减少池水中聚缩虫数量。

(六)纤毛虫病

纤毛虫病常见病原有累枝虫和钟形虫等:纤毛虫附着在成虾和虾苗的体表、附肢和鳃上,大量附着时会妨碍虾的呼吸、活动、摄食和脱壳,影响生长。尤其在鳃上大量附着时,影响鳃丝的气体交换,会引起虾体缺氧而窒息死亡。幼体在患病期间虾体表面覆盖一层白色絮状物,致使幼体活动力减弱,影响幼体的发育变态。

防治方法:

①保持合理的放养密度,注意虾池的环境卫生,经常换新水,保持水质清新;

②用3%～5%的食盐水浸洗病虾,3～5天为1个疗程;或者用25～30毫克/升的福尔马林溶液浸洗4～6小时,连续2～3次。

(七)出血病

病原与症状:由气单胞菌引起的虾败血病,此病来势凶猛,发病率高。病虾体表布满了大小不一的出血斑点,特别是附肢和腹部较为明显,肛门红肿,螯虾一旦染上出血病,不久就会死亡。

防治方法:

①若发现病虾要及时隔离,并进行池水消毒,用生石灰37～45毫克/升化水全池泼洒。

②每亩取750克烟叶用温水浸泡5～8小时后全池泼洒,同时每千克饲料中添加盐酸环丙沙星原料药1.25～1.5克投喂,连喂

5天。

(八)水霉病

病原与症状:原体由许多种真菌感染引起,其中主要为水霉属和锦霉属的种类。水霉病发生的主要原因是克氏原螯虾受伤,导致真菌入侵感染。在捕捞、分养、转池以及运输等操作过程中使克氏原螯虾受伤,则易被感染,未受伤的则一律不感染。患病初期症状不太明显,当症状明显时菌丝已侵入虾表皮肌肉,向外长出棉絮状菌丝,形成肉眼可见的"白毛"。病虾消瘦乏力,活动焦躁,摄食量下降,严重者导致死亡。

防治方法:

在捕捞、搬运、放养过程中,要小心操作,避免虾体损伤。注意放养密度要合理;

用1%~2%食盐水对病虾进行较长时间浸浴,效果较好;

用食盐和小苏打以400毫克/升全池泼洒。

(九)泛塘

主要是由于池水溶氧不足而引起的。造成池水溶氧不足的原因很多。虾种放养过密、投饵或施肥过量、夏季闷热季节气压较低、雷雨天气、池中浮游生物过多等均可导致养殖池中缺氧。泛塘多发生在夏秋闷热季节黎明前后。池中缺氧时,淡水小龙虾四处乱蹿,有时成群爬到岸边草丛处不动。

防治方法:

①清除池底过多的淤泥;

②使用已发酵的有机肥,控制水质过浓;

③控制虾种放养密度;

④坚持巡塘,常加新水,保持池水清爽。

(十)虾类的敌害

(1)鱼害。几乎所有肉食性的鱼类都是淡水小龙虾饲养过程中的敌害，包括乌鳢、鲈鱼、青鱼、鲤鱼等。如虾苗放养后发现有此类鱼活动，则可用2毫克/升鱼藤精进行杀灭除去。

(2)鸟害。养虾场中水鸟的危害最大的要数鸥类和鹭类。由于鸟类是保护对象，只能用恫吓的方法驱鸟。

(3)其他敌害。水蛇、蛙类、老鼠等都吃幼虾、成虾，故要注意预防。

附录1　无公害食品　渔用配合饲料安全限量(NY 5072—2002)

1　范围

本标准规定了渔用配合饲料安全限量的要求、试验方法、检验规则。

本标准适用于渔用配合饲料的成品，其他形式的渔用饲料可参照执行。

2　规范性引用文件

下列文件中的条款通过本标准的引用而成为本标准的条款。凡是注日期的引用文件，其随后所有的修改单(不包括勘误的内容)或修订版均不适用于本标准，然而，鼓励根据本标准达成协议的各方研究是否可使用这些文件的最新版本。凡是不注日期的引用文件，其最新版本适用于本标准。

GB/T 5009.45—1996　水产品卫生标准的分析方法

GB/T 8381—1987　饲料中黄曲霉素 B_1 的测定

GB/T 9675—1988　海产食品中多氯联苯的测定方法

GB/T 13080—1991　饲料中铅的测定方法

GB/T 13081—1991　饲料中汞的测定方法

GB/T 13082—1991　饲料中镉的测定方法

GB/T 13083—1991　饲料中氟的测定方法

GB/T 13084—1991　饲料中氰化物的测定方法

GB/T 13086—1991　饲料中游离棉酚的测定方法

GB/T 13087—1991　饲料中异硫氰酸酯的测定方法

GB/T 13088—1991　饲料中铬的测定方法

GB/T 13089—1991　饲料中噁唑烷的测定方法

GB/T 13090—1991　饲料中六六六、滴滴涕的测定方法

GB/T 13091—1991　饲料中沙门氏菌的测定方法

GB/T 13082—1991　饲料中霉菌的测定方法

GB/T 14699.1—1991　饲料采样方法

GB/T 17480—1991　饲料中黄曲霉素 B_1 的测定　酶联免疫吸附法

NY 5071　无公害食品　渔用药物使用准则

SC 3501—1996　鱼粉

SC/T 3502　鱼油

《饲料药物添加剂使用规范》〔中华人民共和国农业部公告(2001)第[168]号〕

《禁止在饲料饮用水中使用的药物品种目录》〔中华人民共和国农业部公告(2002)第[176]号〕

《食品动物禁用的兽药及其他人合物清单》、〔中华人民共和国农业部公告(2002)第[193]号〕

3　要求

3.1　原料要求

3.1.1　加工渔用饲料所用原料应符合各类原料标准的规定，不得使用受潮、生虫、腐败变质及受到石油、农药、有害金属等污染的原料。

3.1.2　皮革粉应经过脱铬、脱毒处理。

3.1.3　大豆原料应经过破坏蛋白酶抑制因子的处理。

3.1.4　鱼粉的质量应符合 SC 3501 的规定。

3.1.5　鱼油的质量应符合 SC/T 3502 中二级精制鱼油的

要求。

3.1.6 使用的药物添加剂种类及用量应符合 NY 5071、《饲料药物添加剂使用规范》、《禁止在饲料饮用水中使用的药物品种目录》、《食品动物禁用的兽药及其他人合物清单》的规定；若有新的公告发布，按新规定执行。

3.2 安全指标

渔用配合饲料的安全指标限量应符合表 1 的规定。

表 1 渔用配合饲料的安全指标限量

项目	限量	适用范围
铅(以 Pb 计)/(mg/kg)	≤5.0	各类渔用配合饲料
汞(以 Hg 计)/(mg/kg)	≤0.5	各类渔用配合饲料
无机砷(以 As 计)/(mg/kg)	≤3	各类渔用配合饲料
镉(以 Cd 计)/(mg/kg)	≤3	海水鱼类、虾类配合饲料
	≤0.5	其他渔用配合饲料
铬(以 Cr 计)/(mg/kg)	≤10	各类渔用配合饲料
氟(以 F 计)/(mg/kg)	≤350	各类渔用配合饲料
游离棉酚/(mg/kg)	≤300	温水杂食性鱼类、虾类配合饲料
	≤150	冷水性鱼类、海水鱼类配合饲料
氰化物/(mg/kg)	≤50	各类渔用配合饲料
多氯联苯/(mg/kg)	≤0.3	各类渔用配合饲料
异硫氰酸酯/(mg/kg)	≤500	各类渔用配合饲料
噁唑烷硫酮/(mg/kg)	≤500	各类渔用配合饲料
油脂酸价(KOH)/(mg/kg)	≤2	渔用育苗配合饲料
	≤6	渔用育成配合饲料
	≤3	鳗鲡育成配合饲料
黄曲霉素 B_1/(mg/kg)	≤0.01	各类渔用配合饲料
六六六/(mg/kg)	≤0.3	各类渔用配合饲料
滴滴涕/(mg/kg)	≤0.2	各类渔用配合饲料
沙门氏菌/(cfu/25 g)	不得检出	各类渔用配合饲料
霉菌/(cfu/g)	$\leqslant 3\times10^4$	各类渔用配合饲料

4 检验方法

4.1 铅的测定 按 GB/T 13080—1991 规定进行。

4.2 汞的测定 按 GB/T 13081—1991 规定进行。

4.3 无机砷的测定 按 GB/T 5009.45—1996 规定进行。

4.4 镉的测定 按 GB/T 13082—1991 规定进行。

4.5 铬的测定 按 GB/T 13088—1991 规定进行。

4.6 氟的测定 按 GB/T 13083—1991 规定进行。

4.7 游离棉酚的测定 按 GB/T 13086—1991 规定进行。

4.8 氰化物的测定 按 GB/T 13084—1991 规定进行。

4.9 多氯联苯的测定 按 GB/T 9675—1988 规定进行。

4.10 异硫氰酸酯的测定 按 GB/T 13087—1991 规定进行。

4.11 噁唑烷硫酮的测定 按 GB/T 13089—1991 规定进行。

4.12 油脂酸价的测定 按 SC 3501—1996 规定进行。

4.13 黄曲霉素 B_1 的测定 按 GB/T 8381—1987、GB/T 17480—1998 规定进行,其中 GB/T 8381—1987 为仲裁方法。

4.14 六六六、滴滴涕的测定 按 GB/T 13090—1991 规定进行。

4.15 沙门氏菌的检验 按 GB/T 13091—1991 规定进行。

4.16 霉菌的检验 按 GB/T 13092—1991 规定进行。

5 检验规则

5.1 抽样

以生产企业中每天(班)生产的成品为一检验批,按批号抽样。在销售者或用户处按产品出厂包装的标示批号抽样。

5.2 抽样

渔用配合饲料产品的抽样按 GB/T 14699.1—1993 规定执行。

批量在1吨以下时,按其袋数的1/4抽取。批量在1吨以上时,抽样袋数不少于10袋。沿堆积立面以“×”形或“W”形对各袋抽取。产品未堆垛时应在各部位随机抽取,样品抽取时一般应用钢管或铜制管制成的槽形取样品。由各袋取出的样品应充分混匀后按四分法分别留样。每批饲料的检验用样不少于500克。另有同样数量的样品作留样备查。

作为抽样应有记录,内容包括:样品名称、型号、抽样时间、地点、产品批号、抽样数量、抽样人签字等。

5.3 判定

5.3.1 渔用配合饲料中所检的各项安全指标均应符合标准要求。

5.3.2 所检安全指标中有一项不符合标准规定时,允许加倍抽样将此项指标复验一次,按复验结果判定本批产品是否合格。经复验后所检指标仍不合格的产品则判为不合格品。

附录2　无公害食品　水产品中渔药残留限量(NY 5070—2002)

1　范围

本标准规定了无公害水产品中渔药及通过环境污染造成的药物残留的最高限量。

2　规范性引用文件

下列文件中的条款通过本标准的引用而成为本标准的条款。凡是注日期的引用文件,其随后所有的修改单(不包括勘误的内容)或修订版均不适用于本标准,然而,鼓励根据本标准达成协议的各方研究是否可使用这些文件的最新版本。凡是不注日期的引用文件,其最新版本适用于本标准。

NY 5029－2001　无公害食品　猪肉

NY 5071　无公害食品　渔用药物使用准则

SC/T 3303－1997　冻烤鳗

SN/T 0179－1993　出口肉中喹乙醇残留量检验方法

SN 0206－1993　出口活鳗鱼中噁喹酸残留量检验方法

SN 0208－1993　出口肉中十种磺胺残留量检验方法

SN 0530－1996　出口肉品中呋喃唑酮残留量的检验方法 液相色谱法

3 术语和定义

下列术语和定义适用于本标准。

3.1 渔用药物 fishery drugs

用以预防、控制和治疗水产动、植物的病、虫、害，促进养殖品种健康生长，增强机体抗病能力以及改改善养殖水体质量的一切物质，简称“渔药”。

3.2 渔药残留 residues of fishery drugs

在水产品的任何食用部分中渔药的原型化合物或/和其代谢产物，并包括与药物本体有关杂质的残留。

3.3 最高残留限量 maximum residue Limit，MRL

允许存在于水产品表面或内部(主要指肉与皮或/和性腺)的该药(或标志残留物)的最高量/浓度(以鲜重计，表示为：μg/kg 或 mg/kg)。

4 要求

4.1 渔药使用

水产养殖中禁止使用国家、行业颁布的禁用药物，渔药使用时按 NY 5071 的要求进行。

4.2 水产品中渔药残留限量要求

水产品中渔药残留限量要求见表 1。

表 1 水产品中渔药残留限量

药物类别		药物名称		指标(MRL)/(μg/kg)
		中文	英文	
抗生素类	四环素类	金霉素	Chlortetracycline	100
		土霉素	Oxytetracycline	100
		四环素	Tetracycline	100
	氯霉素类	氯霉素	Chloramphenicol	不得检出

续表 1

药物类别	药物名称		指标(MRL)/(μg/kg)
	中文	英文	
磺胺类及增效剂	磺胺嘧啶	Sulfadiazine	100 (以总量计)
	磺胺甲基嘧啶	sulfamerazine	
	磺胺二甲基嘧啶	Sulfadimidine	
	磺胺甲噁唑	Sulfamethoxaozole	
	甲氧苄啶	Trimethoprim	50
喹诺酮类	噁喹酸	Oxilinic acid	300
硝基呋喃类	呋喃唑酮	Furazolidone	不得检出
其他	己烯雌酚	Diethylstilbestrol	不得检出
	喹乙醇	Olaquindox	不得检出

5 检测方法

5.1 金霉素、土霉素、四环素

金霉素测定按 NY 5029—2001 附录 B 中规定执行，土霉素、四环素按 SC/T 3303—1997 中附录 A 规定执行。

5.2 氯霉素

氯霉素残留量的筛选测定方法按本标准中附录 A 执行，测定按 NY 5029—2001 中附录 D(气相色谱法)的规定执行。

5.3 磺胺类

磺胺类中的磺胺甲基嘧啶、磺胺二甲基嘧啶的测定按 SC/T 3303 的规定执行，其他磺胺类按 SN/T 0208 的规定执行。

5.4 噁喹酸

噁喹酸的测定按 SN/T 0206 的规定执行。

5.5 呋喃唑酮

呋喃唑酮的测定按 SN/T 0530 的规定执行。

5.6 己烯四酚

己烯四酚留量的筛选测定方法按本标准中附录 B 规定执行。

5.7 喹乙醇

喹乙醇的测定按 SN/T 0197 的规定执行。

6 检验规则

6.1 检验项目

按相应的产品标准的规定项目进行。

6.2 抽样

6.2.1 组批原则

同一水产养殖场内，在品种、养殖时间、养殖方法基本方式基本相同的养殖水产品为一批(同一养殖池，或多个养殖池)；水产加工品按批号抽样，在原料及生产条件基本相同下同一天或同一班组生产的产品为一批。

6.2.2 抽样方法

6.2.2.1 养殖水产品

随机从各养殖池抽取有代表性的样品，取样量见表 2。

表 2 取样量 尾、只

生物数量	取样量
500 以内	2
500～1 000	4
1 001～5 000	10
5 001～10 000	20
≥10 001	30

6.2.2.2 水产加工品

每批抽取样本以箱为单位，100 箱以内取 3 箱，以后每增加 100 箱(包括不足 100 箱)则抽 1 箱。

按所取样本从每箱内各抽取样品不少于 3 件，每批取样量不少于 10 件。

6.3　取样和样品的处理

采集的样品应分成两等份,其中一份作为留样。从样本中取有代表性的样品,装入适当容器,并保证每份样品都能满足分析的要求;样品的处理按规定的方法进行,通过细切、绞肉机绞碎、缩分,使其混合均匀;鱼、虾、贝、藻等各类样品量不少于 200 克。各类样品的处理方法如下:

a) 鱼类:先将鱼体表面杂质洗净,去掉鳞、内脏,取肉(包括脊背和腹部)肉和皮一起绞碎,特殊要求除外。

b) 龟鳖类:去头、放出血液,取其肌肉包括裙边,绞碎后进行测定。

c) 虾类:洗净后,去头、壳,取其肌肉进行测定。

d) 贝类:鲜的、冷冻的牡蛎、蛤蜊等要把肉和体液调制均匀后进行分析测定。

e) 蟹:取肉和性腺进行测定。

f) 混匀的样品,如不及时分析,应置于清洁、密闭的玻璃容器,冰冻保存。

6.4　判定规则

按不同产品的要求所检的渔药残留各指标均应符合本标准的要求,各项指标中的极限值采用修约值比较法。超过限量标准规定时,允许加倍抽样将此项指标复验一次,按复验结果判定本批产品是否合格。经复检后所检指标仍不合格产品判为不合格品。

(附录 A、B 略)

附录3 食品动物禁用的兽药及其他化合物清单

主要有以下21类：

1. β-兴奋剂类：包括沙丁胺醇，克伦特罗，马希特罗，及其盐，酯类制剂。

2. 性激素类：包括乙烯雌酚，及其盐，酯类制剂。

3. 类雌激素物质：包括醋酸甲孕酮，玉米雌霉醇，去甲雄三烯醇酮，及其制剂。

4. 氯霉素及其盐，酯类制剂，(包括琥珀酰氯霉素)。

5. 氨苯砜，及其制剂。

6. 硝基呋喃类：包括呋喃唑酮，呋喃它酮，呋喃苯烯酸钠。

7. 硝基化合物：硝基酚钠，硝基烯腙，及其制剂。

8. 镇静类：安眠酮，及其制剂。

9. 林丹(丙体六六六)。

10. 毒杀芬(氯化烯)。

11. 呋喃丹(克百威)。

12. 杀虫脒(克死螨)。

13. 双甲脒。

14. 酒石酸锑钾。

15. 锥虫胂胺。

16. 孔雀石绿。

17. 五氯酚酰钠。

18. 汞制剂：包括硝酸亚汞，氯化亚汞(甘汞)，醋酸汞，吡啶基醋酸汞。

19.性激素类:甲基丸酮,丙酸酮,苯丙酸诺龙,苯甲酸雌二醇,及其盐。

20.镇静类:包括氯丙嗪,安定,及其盐,酯类制剂。

21.硝基咪唑:甲硝唑,地美硝唑,及其盐,酯类制剂。

其中,1~8类在所有用途上禁止使用,在所有食用动物上禁止使用。9~18类作为杀虫剂禁止使用,在所有食用动物上禁止使用,10类作为清塘剂禁止使用,16类作为抗菌用途也禁止使用,17类作为杀螺剂禁止使用。19~21类在促生长用途上禁止使用,在所有使食用动物上禁止使用。

附录 4　渔用药物使用方法

各类渔用药物的使用方法见表 1。

表 1　渔用药物使用方法

渔药名称	用途	用法与用量	休药期/d	注意事项
氧化钙(生石灰)calcii oxydum	用于改善池塘环境,清除敌害生物及预防部分细菌性鱼病	带水清塘:200～250 mg/L(虾类:350～400 mg/L) 全池泼洒:20～25 mg/L(虾类:15～30 mg/L)		不能与漂白粉、有机氯、重金属盐、有机络合物混用
漂白粉 bleaching powder	用于清塘、改善池塘环境及防治细菌性皮肤病、烂鳃病、出血病	带水清塘:200 mg/L 全池泼洒:1.0～1.5 mg/L	≥5	1.勿用金属容器盛装 2.勿用酸、铵盐、生石灰混用
二氯异氰尿酸钠 sodium dichloroisocyanurate	用于清塘及防治细菌性皮肤溃疡病、烂鳃病、出血病	全池泼洒:0.3～0.6 mg/L	≥10	勿用金属容器盛装
三氯异氰尿酸 trichloroisocyanuric acid	用于清塘及防治细菌性皮肤溃疡病、烂鳃病、出血病	全池泼洒:0.2～0.5 mg/L	≥10	1.勿用金属容器盛装 2.针对不同的鱼类和水体的 pH,使用量应适当增减
二氧化氯 chlorine dioxide	用于防治细菌性皮肤病、烂鳃病、出血病	浸浴:20～40 mg/L,5～10 min 全池泼洒:0.1～0.2 mg/L,严重时 0.3～0.6 mg/L	≥10	1.勿用金属容器盛装 2.勿与其他消毒剂混用
二溴海因	用于防治细菌性和病毒性疾病	全池泼洒:0.2～0.3 mg/L		

续表1

渔药名称	用途	用法与用量	休药期/d	注意事项
氯化钠(食盐) sodium chioride	用于防治细菌、真菌或寄生虫疾病	浸浴 1%～3%，5～20 min		
硫酸铜(蓝矾、胆矾、石胆) copper sulfate	用于治疗纤毛虫、鞭毛虫等寄生性原虫病	浸浴：8 mg/L(海水鱼类：8～10 mg/L)，15～30 min 全池泼洒：0.5～0.7 mg/L(海水鱼类：0.7～1.0 mg/L)		1. 常与硫酸亚铁合用 2. 广东鲂慎用 3. 勿用金属容器盛装 4. 使用后注意池塘增氧 5. 不宜用于治疗小瓜虫病
硫酸亚铁(硫酸低铁、绿矾、青矾) ferrous sulphate	用于治疗纤毛虫、鞭毛虫等寄生性原虫病	全池泼洒：0.2 mg/L(与硫酸铜合用)		1. 治疗寄生性原虫病时需与硫酸铜合用 2. 乌鳢慎用
高锰酸钾(锰酸钾、灰锰氧、锰强灰) potassium permanganate	用于杀灭锚头鳋	浸浴：10～20 mg/L，15～30 min 全池泼洒：4～7 mg/L		1. 水中有机物含量高时药效降低 2. 不宜在强烈阳光下使用
四烷基季铵盐络合碘(季铵盐含量为50%)	对病毒、细菌、纤毛虫、藻类有杀灭作用	全池泼洒：0.3 mg/L(虾类相同)		1. 勿与碱性物质同时使用 2. 勿与阴性离子表面活性剂使混用 3. 使用后注意池塘增氧 4. 勿用金属容器盛装
大蒜	用于防治细菌性肠炎	拌饵投喂：10～30 g/kg 体重，连用 4～6 d(海水鱼类相同)		
大蒜素粉(含大蒜素 10%)	用于防治细菌性肠炎	0.2 g/kg 体重，连用 4～6 d(海水鱼类相同)		
大黄 medicinal rhubarb	用于防治细菌性肠炎	全池泼洒：2.5～4.0 mg/L(海水鱼类相同) 拌饵投喂：5～10 g/kg 体重，连用 4～6 d(海水鱼类相同)		投喂时常与黄芩、黄柏合用(三者比例为 2：5：3)

续表 1

渔药名称	用途	用法与用量	休药期/d	注意事项
黄芩 raikai skullcap	用于防治细菌性肠炎、烂鳃、赤皮、出血病	拌饵投喂：2～4 g/kg 体重，连用 4～6 d（海水鱼类相同）		投喂时需与大黄、黄柏合用（三者比例为 3：5：3）
黄柏 amur-corktree	用于防治细菌性肠炎、出血	拌饵投喂：3～6 g/kg 体重，连用 4～6 d（海水鱼类相同）		投喂时需与大黄、黄芩合用（三者比例为 3：5：2）
五倍子 chinese sumac	用于防治细菌性烂鳃、赤皮、白皮、疖疮	全池泼洒：2～4 mg/L（海水鱼类相同）		
穿心莲 common andrographis	用于防治细菌性肠炎、烂鳃、赤皮	全池泼洒：15～20 mg/L 拌饵投喂：10～20 g/kg 体重，连用 4～6 d		
苦参 lightyellow sophora	用于防治细菌性肠炎，竖鳞	全池泼洒：1.0～1.5 mg/L 拌饵投喂：1～2 g/kg 体重，连用 4～6 d		
土霉素 oxytetracycline	用于治疗肠炎病、弧菌病	拌饵投喂：50～80 mg/kg 体重，连用 4～6 d（海水鱼类相同，虾类：50～80 mg/kg 体重，连用 5～10 d）	≥30（鳗鲡） ≥21（鲶鱼）	勿与铝、镁离子及卤素、碳酸氢钠、凝胶合用
噁喹酸 oxolinic acid	用于治疗细菌性肠炎病、赤鳍病，香鱼、对虾弧菌病，鲈鱼结节病，鲱鱼疖疮病	拌饵投喂：10～30 mg/kg 体重，连用 5～7 d（海水鱼类：1～20 mg/kg 体重；对虾：6～60 mg/kg 体重，连用 5 d）	≥25（鳗鲡） ≥21（鲤鱼杏鱼） ≥16（其他鱼类）	用药量视不同的疾病有所增减
磺胺嘧啶（磺胺哒嗪）sulfadiazine	用于治疗鲤科鱼类的赤皮病、肠炎病，海水鱼链球菌病	拌饵投喂：100 mg/kg 体重，连用 5 d（海水鱼类相同）		1. 与甲氧苄氨嘧啶（TMP）同用，可产生增效作用 2. 第一天药量加倍

续表1

渔药名称	用途	用法与用量	休药期/d	注意事项
磺胺甲噁唑(新诺明、新明磺)sulfamethoxazole	用于治疗鲤科鱼类的肠炎病	拌饵投喂:100 mg/kg体重,连用5~7 d	≥30	1. 不能与酸性药物同用 2. 与甲氧苄氨嘧啶(TMP)同用,可产生增效作用 3. 第一天药量加倍
磺胺间甲氧嘧啶(制菌磺、磺胺-6-甲氧嘧啶)sulfamonomethoxine	用于治疗鲤科鱼类的竖鳞病、赤皮病及弧菌病	拌饵投喂:50~100 mg/kg体重,连用4~6 d	≥37(鳗鲡)	1. 与甲氧苄氨嘧啶(TMP)同用,可产生增效作用 2. 第一天药量加倍
氟苯尼考 florfenicol	用于治疗鳗鲡爱德华氏病、赤鳍病	拌饵投喂:10.0 mg/kg体重,连用4~6 d	≥7(鳗鲡)	
聚维酮碘(聚乙烯吡咯烷酮碘、皮维碘、PVP-1、伏碘)(有效碘1.0%)povidone-iodine	用于防治细菌性烂鳃病、弧菌病、鳗鲡红头病。并可用于预防病毒病:如草鱼出血病、传染性胰腺坏死病、传染性造血组织坏死病、病毒性出血败血症	全池泼洒:海、淡水幼鱼、幼虾:0.2~0.5 mg/L海、淡水成鱼、成虾:1~2 mg/L 浸浴: 草鱼种:30 mg/L,15~20min 鱼卵:30~50 mg/L(海水鱼卵:25~30 mg/L),5~15 min	鳗鲡:2~4 mg/L	1. 勿与金属物品接触 2. 勿与季铵盐类消毒剂直接混合使用

注1:用法与用量栏未标明海水鱼类与虾类的均适用于淡水鱼类;

注2:休药期为强制性。

参 考 文 献

[1] 夏爱军.小龙虾养殖技术.北京:中国农业大学出版社,2007.

[2] 唐建清,滕忠祥,等.淡水虾规模养殖关键技术.江苏:江苏科学出版社,2002.

[3] 舒新亚,龚珞军,等.淡水小龙虾健康养殖技术.北京:化学工业出版社,2008.

[4] 吕佳,等.克氏原鳌虾受精卵发育的温度因子数学模型分析.南京大学学报(自然科学),2004,40(2):226-231.

[5] 唐建清,宋胜磊,等.克氏原鳌虾种群生长模型及生态参数的研究.南京师大学报,2003(1).

[6] 蒋国芸,严维辉.不同遮蔽物对克氏原鳌虾受精卵孵化的影响.剂鲁渔业,2008(2).

[7] 唐建清,宋胜磊,等.克氏原鳌虾对几种人工洞穴的选择性.水产科学,2004(5).